1：ライオンの雄と雌　雄はたてがみをもつ.
2, 3：クジャクの雄　大きく美しい羽をもち，これを広げて雌に求愛する（2）.
4：クジャクの雌

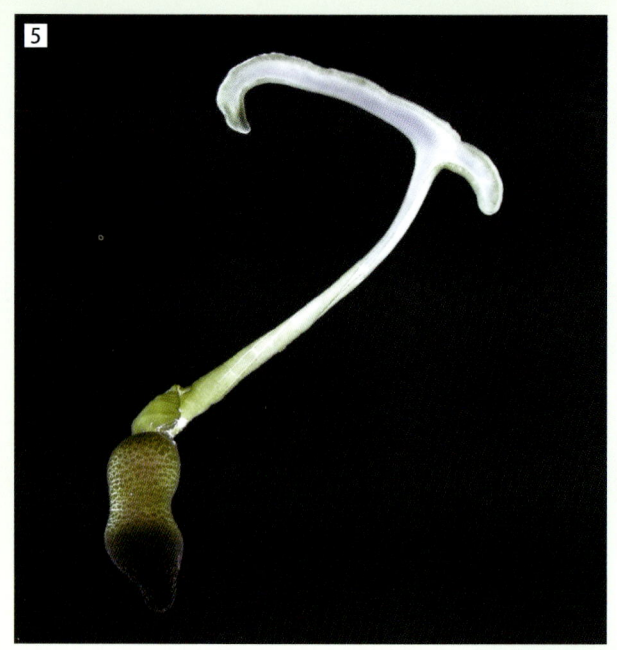

5：ボネリムシの雌（p.73）
　雌は体長約 7cm だが，雄は 0.1 ～ 0.2cm ほどである．卵から孵化した幼生は，雌個体に付着し寄生すると雄になり，付着せず自由生活を送ると雌となる．

6：クマノミ（p.28）
　クマノミ類は大きなイソギンチャクに共生し，そのなかで最大の個体が雌になり，2位の個体が雄，3位以下は未成熟のままとなる．しかし雌がいなくなると，2位だった雄個体が雌に性転換し，3位だった個体が成熟して雄となる．

写真提供　1, 6：(財) 東京動物園協会．2～4：PIXTA．5：伊勢戸 徹．

新・生命科学シリーズ

動物の性

守 隆夫／著

太田次郎・赤坂甲治・浅島 誠・長田敏行／編集

裳華房

Sex of Animals

by

TAKAO MORI

SHOKABO

TOKYO

「新・生命科学シリーズ」刊行趣旨

　本シリーズは，目覚しい勢いで進歩している生命科学を，幅広い読者を対象に平易に解説することを目的として刊行する．

　現代社会では，生命科学は，理学・医学・薬学のみならず，工学・農学・産業技術分野など，さまざまな領域で重要な位置を占めている．また，生命倫理・環境保全の観点からも生命科学の基礎知識は不可欠である．しかし，奔流のように押し寄せる生命科学の膨大な情報のすべてを理解することは，研究者にとっても，ほとんど不可能である．

　本シリーズの各巻は，幅広い生命科学を，従来の枠組みにとらわれず，新しい視点で切り取り，基礎から解説している．内容にストーリー性をもたせ，生命科学全体の中の位置づけを明確に示し，さらには，最先端の研究への道筋を照らし出し，将来の展望を提供することを目標としている．本シリーズの各巻はそれぞれまとまっているが，単に独立しているのではなく，互いに有機的なネットワークを形成し，全体として生命科学全集を構成するように企画されている．本シリーズは，探究心旺盛な初学者および進路を模索する若い研究者や他分野の研究者にとって有益な道標となると思われる．

新・生命科学シリーズ
編集委員会

はじめに

　大学で内分泌学の講義を担当しているときに，学生諸君がホルモンの作用に少しでも興味をいだいてくれるよう，毎回その日の主題となるホルモンに関係する雑談を取り入れていた．生殖活動に関与する性ホルモンやプロラクチンを，主として自らの研究対象としてきたこともあって，ホルモンよる性分化の雑談が一番長かったかもしれない．話し手が自分で面白いと感じている題材でなければ，講義そのものが面白くもなく，講義の終わった後に悔いが残るものである．講義を聴いてくれる学生諸君が，将来生物学関係の学問分野に進む可能性が少ない場合は，なるべく身近な動物達の不思議な行動を雑談として話すのが一番良いように思っていた．

　機会があって，内分泌学ではない一般的な生物学，というよりライフサイエンスと称する科目も担当することになったとき，比較的資料のそろった性分化を中心に講義することにした．現在もある大学の講義に使用しているノートを整理したのが本書である．性決定遺伝子や分子生物学的な性分化の研究成果，とくに最先端の詳細な知識に乏しい私に，本書の表題のような内容の執筆は無理と思われた．しかし，編集の趣旨が，記述する内容をできるだけ精選し，わかりやすく平易に解説するとのことでお引き受けすることになった．取り上げた題材はポピュラーなものが多いであろうが，これを土台にして，最新かつ詳細な内容の専門書や研究論文を読むようになってくれれば，それでよしとした次第である．

　東京大学理学部動物学教室という，私が動物学を学んだ場所は，赤門近くの理学部2号館と呼ばれる建物内にあり，動物学教室のほかに植物学教室，人類学教室などがあった．私の大先輩である毛利秀雄名誉教授からお聴きしたものだが，ある人が2号館内で久しぶりにある後輩に出会い，「君は動物だっけ」と問いかけたところ「いや，人類です」と答えたという小話がある．

　さて，動物と人類に生物学的な区別はないはずであるが，この地球上で権

利はないのに権力をもってしまった人類は，他の動物や植物が平和に暮らせる環境を破壊している．ヒト以外の生き物は嫌いという人がいることは知っているが，生き物がいない環境はありえないことも事実であろう．

　本書を読んで，動物には変な奴がいるものだと思い，しかし，みんな一生懸命生きているのだと知って，多少なりとも興味を抱き，生き物を大切にする気持ちをもってくだされればたいへん嬉しい．また同時に，ヒトの命を含め，生命というものを大切にする気持ちが生まれてくれれば筆者の望外の喜びである．

　2010 年 3 月

守　　隆　夫

目　次

■ 1 章　性とは何か　　1
1.1　性の起源　　1
1.2　無性生殖　　3
1.3　有性生殖　　5
1.4　性差の成立　　9

■ 2 章　性の決定　　19
2.1　性の決定様式　　19
 2.1.1　遺伝子型に依存する性決定機構　　19
 2.1.2　環境因子に左右される性決定機構　　20
2.2　雌雄同体と性転換　　20
2.3　単為生殖　　29

■ 3 章　遺伝子型に依存する性決定　　36
3.1　染色体と性の決定　　36
3.2　哺乳類の精巣決定遺伝子　　43
3.3　哺乳類の他の性決定遺伝子群　　48
3.4　哺乳類以外の脊椎動物の性決定遺伝子群　　53
3.5　無脊椎動物の性決定遺伝子　　56
3.6　ヒトの生殖腺の発生と分化　　60

■ 4 章　各種の因子による性の決定　　64
4.1　栄養による性の決定　　64
4.2　温度による性の決定　　66
4.3　社会的生活様式による性の決定　　70
4.4　寄生による性の決定　　73
4.5　半倍数性の性の決定　　75

■ 5 章　性決定の修飾あるいは変更　　　　　　　78
　　5.1　ホルモンによる性の転換　　　　　　　78
　　5.2　ホルモンによる性差の形成　　　　　　87

■ 6 章　性分化の完成　　　　　　　　　　　　91
　　6.1　生殖輸管系の分化　　　　　　　　　　91
　　6.2　性分化の仕上げ　　　　　　　　　　　98
　　6.3　性分化の混乱　　　　　　　　　　　109

　　まとめ　　　　　　　　　　112
　　謝辞　　　　　　　　　　　112
　　参考文献　　　　　　　　　113
　　索引　　　　　　　　　　　114

　　コラム 1　　ヒトは十人十色　　　　　　　　　11
　　コラム 2　　大きいことはいいことだ　　　　　17
　　コラム 3　　動物たちの上げるのろし　　　　　23
　　コラム 4　　一人二役の動物たち　　　　　　　29
　　コラム 5　　跡継ぎのできない三毛猫の雄　　　41
　　コラム 6　　子は母親似か父親似か　　　　　　42
　　コラム 7　　Y 染色体はどこから来たのか　　　47
　　コラム 8　　人柱となる細胞たち　　　　　　　67
　　コラム 9　　セルトリ細胞は芸達者　　　　　　90
　　コラム 10　 雄にも残る悲しい乳腺　　　　　 100
　　コラム 11　 心の性と肉体の性　　　　　　　 108

1章 性とは何か

「性とは何か」という問に答えることは簡単なようではあるが，とても難しい問題なのである．英語で性を意味する sex という語は，ラテン語の sexus にその語源があり，もともとは「切る」とか「割る」とかを意味する語であるという．なぜ，性という言葉が必要になったのかを考えてみると，男女あるいは雌雄の識別のためであったろうが，後で述べる有性生殖を理解するために必要な語であった．このため生物学的に性を語るためには，生殖という生理活動を理解しなければならない．なお，動物における性現象を最初に概念としてまとめることが試みられたのは，紀元前300年代で，アリストテレスの50歳頃の講義の草稿である『動物誌』の中に，動物の雌雄の定義が下され，生殖様式の分類が試みられている．彼は胎児の性の決定について，受精した段階では性別は決定しておらず，胚の発生の過程で性が決まると考えた．

1.1 性の起源

地球上に最初の生命が出現したのは，40億年前の先カンブリア期とされている．原始の海に誕生した，少なくとも何らかの方法で増えることができた生命体は，それぞれ単体として生活していたが，やがて異なる機能をもつ生命体どうしが融合あるいは共生することなどにより，徐々に現存の細胞のような形に進化してきたものと考えられている．細胞膜に包まれた原始の生命体は，遺伝情報を担う核酸としては RNA をもち，それが細胞質内に膜に包まれず散在している，原核細胞型の細胞であったと思われている．このような細胞からなる生物は，1個の細胞が1個体という単細胞生物であり，無性的に増殖していたに違いない．やがて核酸として RNA ではなく，より安定な DNA が使用されるようになり，さらにそれが膜に包まれた形で細胞質

■1章　性とは何か

内に存在する，現在の真核細胞型の細胞が15億年ほど前に現れた．なお，現存している原核生物は，大腸菌，ピロリ菌，炭そ菌などが属す細菌類とネンジュモ，ユレモなどが属す藍藻類（これら2群をまとめて真正細菌ともいう）や，メタン生成細菌などが属す古細菌で，核酸としてはDNAを使用している．

　生物であることのあかしは，それぞれ種族の存続を図るため，自己とほとんど同じ遺伝的な形質をもった子孫を複製する機構，すなわち繁殖（生殖）能を備えていることである．この繁殖の様式は無性生殖と有性生殖に大別される．本書の主題と関係するのは有性生殖で，無性生殖は性が関与しない生殖法である．

　しかし，無性生殖のみで繁殖している生物はほとんど存在せず，これまで無性生殖でのみ繁殖すると思われていた生物も，現在では，有性生殖あるいはそれに近い様式で遺伝情報の受け渡しを行うことがわかってきた．無性生殖と有性生殖という2つの繁殖法を，一生（生活史）の間に使い分けている生物も多いことから，無性生殖に関しても簡単に紹介しておきたい．

　真核細胞からなる真核生物は，14～8億年前に減数分裂という分裂法を導入し，有性生殖と呼ばれる増殖を行うことが可能になった．有性生殖という言葉にこめられた基本的な概念は，2つの細胞がもつ遺伝子が混合されることであり，この繁殖法をより正確にかつ分かりやすく説明するのに都合のよい用語が生物学的な「性」である．多分，「性」という用語が生まれた当時は，男女あるいは雌雄の区別のみに使用されたのであろう．しかし，生物学的に有性生殖という繁殖法の本質が理解されると同時に，「性」なる語により多くの意味が付加されたようである．

　真核細胞からなる生物は，なかまの細胞どうしが接着して，単細胞生物から，より複雑な多細胞生物に進化してきたと考えられている．この生物体の複雑化は，生殖様式の多様化と同時に進行したはずである．真核細胞からなる多細胞生物の出現は，約6億年前といわれ，大型の生物体の出現までさらに1億年という時間を要した．

　有性生殖と呼ばれる生物が行う生理活動の理解に必要な，1つの便宜的な

言葉として「性」という語があると考えれば，性を知るには生殖活動を理解すればよいことになる．

1.2　無性生殖

　無性生殖とは1個体の生物の体がいくつかに分裂し，それぞれが新しい個体となったり，あるいは体の一部分に木の芽が出るように新しい個体を生じたりする繁殖法である．一般的に無性生殖の様式は，分裂，出芽，胞子生殖，栄養体生殖の4種類にわけられる．

　単細胞生物のゾウリムシやアメーバなどのように，母体が2つに分かれて，ほぼ同形の新個体となる繁殖法を分裂と呼ぶ．多細胞生物でも，イソギンチャクやプラナリアなどにみられる繁殖法である（図 1.1A）．

　多細胞生物のヒドラやゴカイなどのように，母体の一部から特定の体細胞（体細胞とは，生殖細胞を除いて，からだを構成している全種類の細胞のことをいう）の一団が芽のように突出して，母体と同じ形の小さい個体となり，やがて分離独立して大きく成長し，新個体となる繁殖法を出芽と呼ぶ（図 1.1B）．

　マラリア病原虫やアオカビなどのように，母体内の一部の体細胞から胞子と呼ばれ，それ自体単独で新しい生命体となりうる繁殖用の細胞がつくられて，それが放出され新個体となる様式を胞子生殖という（図 1.1C）．

　動物ではみられないが，ジャガイモやユリなどのように，根や茎などの栄養器官の一部から芽が出て，やがて親個体から分離独立して新個体となる繁殖法を栄養体生殖と呼ぶ（図 1.1D）．

　無性生殖では，雌雄の区別は必要なく，1つの個体を造っている体細胞がそのまま，あるいは多少分化していても基本的にはそのまま，新しい個体になるという特徴がある．生命をもった生き物がこの地球上に現れた時点では，この単純な繁殖法が用いられたのであろう．しかし，以前は無性生殖のみにより繁殖していると思われていた生物たちも，有性生殖に近い遺伝情報の受け渡しを行うことから，その考えを改める必要があることがわかってきた．

　なお，地球上のすべての生物は，細胞内に遺伝子を載せた染色体をもって

1章 性とは何か

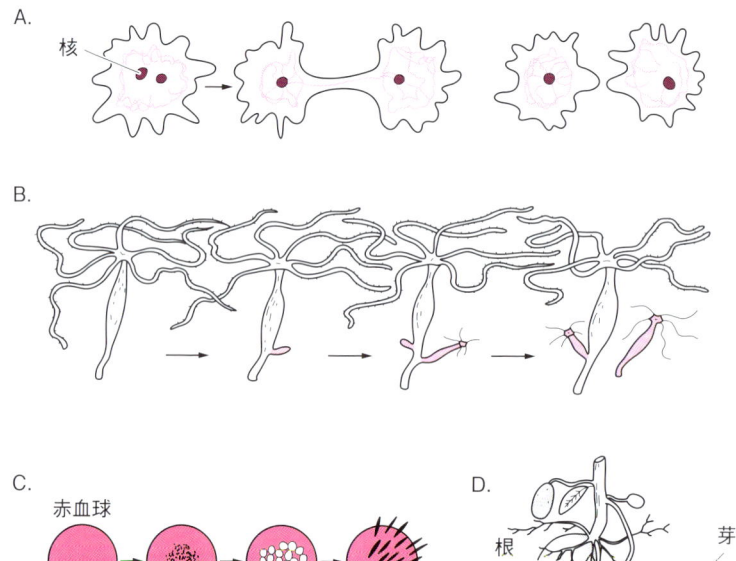

図 1.1 無性生殖の様式

A：アメーバの分裂．単細胞生物であるアメーバでは，母体が2つ以上に分裂して，2個体以上の親とほぼ同形の新個体となる．

B：ヒドラの出芽．多細胞生物のヒドラでは，木の芽が出るように出芽域と呼ばれる特定の部位から，体細胞の一団が親と同形の小さい新個体をつくって出芽し，やがて母体から分離し独立する．

C：マラリア病原虫の胞子生殖．マラリア病原虫では，母体である種虫が肝細胞に侵入し，無性的に分裂してメロゾイド（娘虫）となる．メロゾイドは肝細胞から出て赤血球に侵入し，核分裂をくり返して20個前後に増えてから細胞質分裂を行い胞子虫となり，赤血球を破壊して血液中に出る．

D：ジャガイモの栄養体生殖．多細胞植物にみられる根，茎，葉などの栄養器官の一部が発芽し，親のからだから分離独立して新個体となる．

いる．あとで詳しく述べるが，「親のない子はいない」という言葉通り，個体の染色体は両親から授かったものであるから，父由来の染色体と母由来の染色体の 2 種類（2 組）の染色体群があり，これを倍数体（二倍体あるいは複相といい，染色体数を $2n$ で表す）という．しかし，原核生物や，ある種の原生生物，藻類などのように生まれつき，あるいはミツバチの雄のように片親からのみ染色体を譲り受けるため，1 種類（1 組）の染色体群しかもたない生物もいて，これを半数体（単相ともいい，染色体数を n で表わす）という．

1.3　有性生殖

　有性生殖は 4 つの様式に大別される．1 つはより原始的と考えられる接合と呼ばれる生殖法で，次いで同形配偶子接合，異形配偶子接合，最後に最も進化した生殖法とされる受精の 4 種類である．

　接合として分類される様式は，原生動物繊毛虫類ゾウリムシでみられるように，2 個体が接着し，からだを部分的に融合させて遺伝子の一部分を交換したあと，再びもとの 2 個体に分離する場合で，いわば体細胞間での遺伝子の交換である．

　次いで同形配偶子接合と呼ばれる生殖法は，海産の緑藻類であるクラミドモナスなどにみられる様式で，単相（n）の親個体（配偶体という）から放出された同形同大の単細胞である 2 つの配偶子が合体して接合子（$2n$）となる．多くの場合，接合子は厳しい環境から命を守る耐久性の被膜を分泌して休眠し，適当な時期に減数分裂（減数分裂については後で述べる）に相当する分裂を再開して染色体数を減じ，4 個あるいは 8 個の単相個体（n）が誕生するという様式の生殖法である．

　3 つめは異形配偶子接合で，やはり海産の緑藻類であるハネモなどにみられる様式である．雌雄異体の単相親個体（配偶体）から放出された大きさと形に多少相違のある雄性配偶子と雌性配偶子が合体して，接合子（$2n$）をつくる．接合子は細胞分裂をくり返しながら多細胞体になるが，この増殖した細胞を胞子ということから，増殖した接合子の細胞塊は胞子体と呼ばれる

ようになる．胞子体はやがて発芽し，胞子は染色体数を半減させる減数分裂を行って遊走子（n）と呼ばれる単細胞となって胞子体から散っていく．単独となった遊走子は，さらに細胞分裂をくり返して多細胞体となってから発芽し，大きな雌雄の単相親個体となるものである．

同形あるいは異形の配偶子接合では，2つの単相配偶子（n）が接合して複相（$2n$）の接合子となってから，再び染色体数を減らして単相（n）の新個体となる過程で遺伝子の交換が行われる．

もう1つの様式は受精と呼ばれる．この様式では，まず親個体（$2n$）の体細胞とはまったく別に，形態的にも機能的にも著しい違いのある，2種類の生殖専用の細胞が体内の特定の場所でつくられる．この2種類の異形の細胞は配偶子あるいは生殖細胞と呼ばれ，あらかじめ減数分裂によって染色体数を半減させた単相（n）の細胞である．次いで，この2つの配偶子が完全に融合して受精卵（$2n$）となり，やがて発生を開始して新しい1つの個体（染色体数は基本的に複相の$2n$）となる．このように異形の配偶子の融合によって新個体が生まれる繁殖様式が受精と呼ばれる．なお，受精と呼ばれる有性生殖では，配偶子に形態的な著しい雌雄の差，すなわち異形性がみられることから，大型の配偶子を卵，小型の配偶子を精子と呼ぶのが慣わしである．

2種類の遺伝子群の融合という意味では，接合と受精の間に根本的な差異はなく，受精は接合という様式の極端に分化した生殖法とみなすことができる．受精に代表される有性生殖という生殖法が確立された原因は，減数分裂という分裂様式が生まれ，配偶子と呼ばれる染色体数が半減した細胞が現れ，遺伝子を完全に融合させても元の染色体数になることができたからに他ならない．

染色体数を半減した2種類の配偶子の融合が起こる有性生殖の本質的な意義は，遺伝子群の組み合わせを変えることであると，とらえることができる．そのように考えると，無性生殖である体細胞分裂によってのみ増殖すると思われていた原核生物の細菌類にも，遺伝子の交換という現象はみられることが，1947年，アメリカのテータムとレーダーバーグの研究により明らかになった．

野生型の大腸菌は塩類と糖類だけの最小培地で増殖できる．彼らは，大腸菌のある系統からビオチンとメチオニン，あるいはスレオニン，ロイシンおよびビタミン B_1 を培地に加えないと，生育し増殖することができない2種類の突然変異株（栄養要求株）を分離した．この2種類の突然変異株を混合して，要求するすべての物質を添加した培地で増殖させたところ，繁殖した株の中から最小培地でも増殖できる野生株が出現することに気づいた．この野生型の出現率は，突然変異株が再び突然変異を起こして，もとの野生型に戻ったと考えられる確率よりもずっと高い確率であった．このことから彼らは，突然変異株の間で遺伝子の交換が行われて，野生型の遺伝子群を備えた株が生まれたと推察した．

　その後，1950年にデービスにより，この2種類の大腸菌を用いて，菌体は通さないが，それより小さいものは通すフィルターで隔てて培養すると，野生型は出現しないことなどの事実が明らかにされた．両変異株の接触が野生株の出現に必要であることから，細菌類でも2個体間の直接的な遺伝子の受け渡しがあることが確かめられた．

　このような大腸菌における遺伝子の交換は，主たる染色体とは別に，細胞内に単独で遊離して存在するプラスミドと呼ばれる環状の小さいDNA断片が移動するためであることが判明した．大腸菌を培養すると，1つの菌体が表面から性線毛と呼ばれる管状の突起を出して，他個体と結合する現象がみられる（図1.2）．性線毛を形成する大腸菌は，この管を通して他方の大腸菌へ自らのプラスミドを移動させ，相手の菌の性質を変えるのである．なお，プラスミドは細胞自体の染色体とは独立した遺伝要素として存在し，自律的な増殖能をもっている．

　プラスミドがもしも抗生物質の作用に耐えることのできる物質を産生する，遺伝的な性質をもっているならば，その性質はプラスミドを受け取った大腸菌に備わることになる．このような機構で，薬剤を長期間使用するうちに，薬剤の効果を受けつけない薬剤耐性菌が生き残って，さらにその薬剤耐性という性質を他の菌に伝えていくことで，抗生物質が効かないという事態に陥る．

■1章 性とは何か

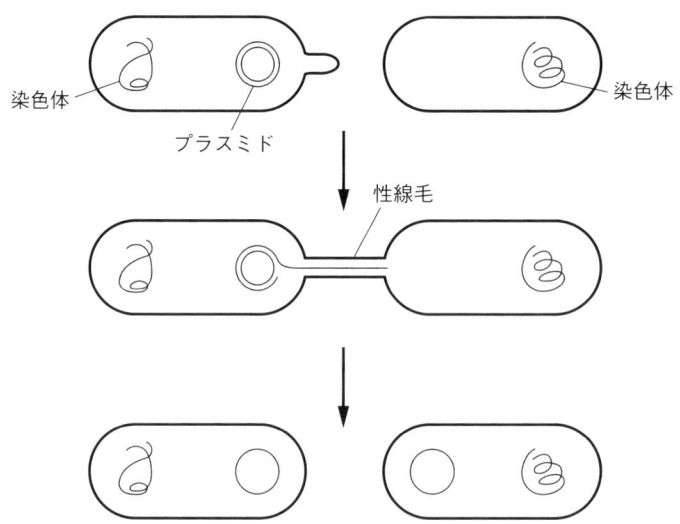

図 1.2　大腸菌の接合
原核生物の細菌類に属す大腸菌では，染色体が細胞膜に包まれず細胞質内に散在する．一方，いくつかの遺伝子をもち自律的に増殖する能力を有するプラスミドと呼ばれる小さいDNA断片が，細胞質内に染色体とは別に存在する．ある種の大腸菌は，性線毛と呼ばれる管状の突起を伸ばして他の大腸菌と接着し，その性線毛を通して複製したプラスミドの一方を他個体に送りこみ，相手の遺伝的形質を変える．

　また，1961年にはメセルソンとウェグルにより，このような大腸菌の接合による遺伝子の交換と同様の現象が，生物と無生物の境目にいるウイルスにもみられることが明らかにされた．たとえばT4ファージと呼ばれる大腸菌に感染して増殖するウイルスをみてみると，ある突然変異型のウイルスは野生型のファージと異なり，寒天培地の上に周囲がはっきりしたプラーク（溶菌斑）をつくる．この変異種をいくつか混合して大腸菌に感染させ増殖させると，その子ファージの中にプラークをつくらない野生型のファージが高頻度で出現することから，細菌類と同様の遺伝子の部分的な交換があったのであろうと結論づけられたのである．

　このように無性生殖により繁殖しているだけと思われていた細菌やウイル

スにも，遺伝子の混合という面からみれば，有性生殖と同様の意義をもつとみなされる繁殖戦略が備わっていることが明らかになった．

1.4 性差の成立

2個体が接着して遺伝子の一部を交換することを広義の有性生殖とすれば，その現象は原核生物の細菌やウイルスにもみられるので，現存の生物群で有性生殖に似た生理学的活動をまったく欠く生物はないと考えられている．他個体との遺伝子の交換をまったく行わない生物種は，この地球上では生きられなかったのかもしれない．2個体による遺伝子の交換をすべての生物が行っているとすれば，そこには何か生存するために非常に有利な点があったに違いない．

ある世代から次の世代へ遺伝情報を伝達する手段として，有性生殖は多くの危険性をはらんでいる．すなわち，卵と精子という2種類の配偶子をわざわざ生産する減数分裂は，染色体数を半減させるための余分な分裂過程を経るため，体細胞分裂に比べてより多くのエネルギーや時間を費やさねばならない．また，配偶子が融合して受精卵あるいは接合子を形成するという，余分な過程も通過しなければならない．

さらに性的に成熟した雄と雌が出会う，すなわち異性を得るためだけの探索行動，見つけた異性を獲得するための競争相手との闘争や，異性の気をひく求愛行動，加えて配偶子の受け渡しのための性行動や交尾は，無性生殖に比べれば時間とエネルギーをかなり余分に使うことになる．雄が精子を提供する以外に，子の養育に関してまったく貢献しない場合は，受精せずとも娘に育つような二倍体の卵を生産することのできる雌の方が，有性生殖のための娘と息子をつくる雌より圧倒的に余分なエネルギーを使用せずにすむであろう．事実,このような単為生殖と呼ばれる方法で繁殖している動物もいる．単為生殖については後で詳しく述べる．

このように有性生殖のために支払うコストは高く，無性生殖で増える生物が支払う必要のないコストである．

では，なぜ有性生殖という繁殖戦略を現存のほとんどの生物が採用してい

るのだろうか，という問に対しての解答として多くの説がある．たとえば突然変異は，概して有益であるよりも有害なことが多いと考えられている．このため，無性生殖では親のもつ突然変異をすべて引き継いでしまうから，何世代もたつうちには，わずかに有害な形質がどんどん蓄積されてくる．これに対して有性生殖をする生物では，遺伝子の組換えによって，あるものは生きるために不利な，より多くの遺伝的損傷を受け継ぐだろうが，一方で不利な突然変異をほとんどもたない個体も生まれ，その遺伝的な弱点は親よりも少なくなることもあったであろう．これらの子孫は無性生殖によって生まれた子孫よりも，より生活環境にうまく適応できたはずであるという考え方がある．

これ以外にも，配偶子の融合によって，積極的により好ましい組み合わせの遺伝子が生じることもあるだろうという考え方もある．しかし，減数分裂の過程での組換えは，せっかく環境に適応している遺伝子の組み合わせを壊してしまう恐れがあるという，逆の場合も考慮すべき事実である．

有性生殖は，より多くの遺伝的な変異をつくりだし，全体的にみれば自然淘汰が生存に有利にはたらいたのであろうという説明が，妥当であると考えられている．

細胞の染色体構成の原始的な形は，同じ遺伝子を重複してはもたない単相（1セットのゲノムのことである．ゲノムとは半数体の細胞にあるDNAの量をいい，細胞としての構造を保ち，機能を営むのに最低限必要な遺伝子群を含むDNA量である）であったと考えられ，この時代の細胞は無性的に増える以外に繁殖する方法がなかったに違いない．

現在，生物の多くが二倍体と呼ばれる染色体数をもち，有性生殖を行っていることから，2セットのDNAをもつことで，一方のDNAが損傷を受けても，他方のDNAでそれを補うことができるなど，複相（$2n$）の細胞は単相（n）の細胞より有利だったと考えることに無理はない．

生物のからだを構成する体細胞（$2n$）の分裂においては，倍化（DNAの複製，すなわちコピーを生成して$4n$になること）の過程と，分裂（もとのDNAとコピーのDNAを適当に分けて$2n$として，それぞれの娘細胞に分配

コラム1
ヒトは十人十色

　真核生物の体細胞がもつ染色体数は二倍体と呼ばれ，そこに含まれるゲノムは $2n$ で表される．二倍体となっている理由は，母系および父系の遺伝子群が，対をなす相同染色体の中に，それぞれ収められているからである．すなわち基本的に両親から受け継いだままの組合せの遺伝子を温存している．ヒトの場合は46本の染色体をもつので，うち23本は母系の卵から，残りは父系の精子から受け継いだものである．

　二倍体の母細胞（$2n$）が染色体数を半減する減数分裂では，保持していた母系と父系の各染色体群が無差別に配偶子（n）に分配される．その場合，$2^{23} =$ 800万通り以上の組合せが可能である．さらに受精に際して，母方の800万通りの組合せをもつ卵のどれかに，父方の800万通りの組合せをもつ精子のどれかが合体するのであるから，受精卵中の染色体の組合せの可能性は64兆通り以上となる．さらに減数分裂の過程で比較的頻繁に起こる染色体間の乗換えなどを考慮すれば，遺伝子群の可能な組合せは天文学的数値になるはずである．

　この数値遊びからして，有性生殖が主流となった理由は，遺伝する形質の組合せは星の数ほどあり，それが多様性を獲得するのに有利だったと考えるのが自然であろう．

すること）の過程で，突然変異が起こらなかったら，もとの染色体あるいはそのコピーを組み合わせた，体細胞とまったく同じ遺伝子をもつ $2n$ の染色体が娘細胞に渡される．この遺伝子の受け渡しは無性生殖による増殖と同じである．

　有性生殖が行われるようになったのは，減数分裂という分裂様式が確立されたためである．複相の生殖母細胞は，減数分裂によって半分の染色体数を

■1章　性とは何か

もつ単相（n）の配偶子（生殖細胞）をつくる.

　減数分裂の過程では，個体の生殖母細胞がもつ両親由来の相同染色体がペアをつくり，二価染色体と呼ばれるようになる時期を経過する．このとき父親からの染色体と母親からの染色体との間で染色体の乗換え，すなわち遺伝子の交換（組換え）が頻繁に起こる．この染色体の乗換えが毎世代，非常に多くの遺伝する形質の多様性をつくりだす源である．次いで乗換えを行った両親由来の染色体チームは解体され，ランダムに新しいチームを形成して配偶子に分配される．

　両親から由来した染色体チームとは異なるメンバーで構成された染色体チームをもつ配偶子は，さらにまったくの他人から由来する配偶子と合体して受精が成立するわけである．このため，まったく新しい組合せをもった染色体チーム（遺伝子群）の個体が生まれることになる．

　無性生殖では突然変異が起こる以外は，遺伝する形質の多様性を獲得することは比較的難しい．しかし，減数分裂のときの遺伝子の組換えや，2種類のゲノムの融合などにより，有性生殖は遺伝する形質の多様性を引き起こすのにすこぶる有利であり，結果的に生物種自体の多様性の誕生につながったことは間違いなかろう．

　われわれの眼に触れる程度の大きさの生物はすべて有性生殖を行っている．生物の大型化も，種の多様化の中から生まれてきたことは明らかである．有性生殖による生物の多様化が，大型の目立つ生物を創りだし，一見地球上で繁栄しているようにみえるのであろう．

　しかし，無性生殖によって生まれた原核生物の細菌類は，ごく限られた狭い場所でも，それこそ天文学的数値の個体数が生存している．また，同種の細菌の中にも，有性生殖とみなされる遺伝子の交換を行って生じた変異体も多数いるであろう．そこで近縁の種内の細菌について，一定の場所に限って比較した個体数を繁栄の評価基準とすれば，繁栄している生物種として細菌類などは最上位に位置するのかもしれない．

　身近な例をとれば，約60〜100兆個の細胞から構成されているといわれる一人のヒトの大腸内には，100兆個ほどの大腸菌が生息しているともいわ

れることからも理解できるであろう．しかし，残念ながら大腸菌の姿はわれわれの眼に触れることがない．すなわち有性生殖を採用したために生まれた比較的大型の多様な生物が，無性生殖を主に行う微小な生物に比べてより目立つ存在であるため，一見優位にみえるだけではないかとも考えられる．

　有性生殖では卵と精子が合体して1個の生物が誕生するわけだが，受精といわれるその瞬間において，まずは多くの生物が雄あるいは雌へと分かれる運命と出会う．そして生まれた生物はやがて個体としての生命が尽きるわけだが，それ以前に自分のもつ遺伝子が卵あるいは精子として再び分かれていくという，もう1つの分かれを経験する．「会うは別れの始まり」という言葉の通り，sexの語源の「分ける」は，ある意味で生命体としての生涯の2度の分かれを象徴しているともいえる．前にも述べたように，ウイルス，大腸菌などにも，いわゆる有性生殖とみなされる遺伝子の交換という現象があることが明らかになっており，何らかの形でほとんどの生物に「性」があると考えられている．

　われわれは性と聞けば当然の連想としてまず男と女，あるいは雄と雌が頭に浮かぶ．しかし，生物界を広く見渡してみると，雄と雌が性のすべてではないことが理解できるはずである．性という言葉の意味の解釈にもよるが，いわゆる雄と雌という発想に立てば，一般的には雌という性をもつ個体の卵巣が産み出した大きな卵細胞の中に，雄という性をもつ個体の精巣から放出された小さな精子の遺伝子が進入し，融合あるいは合体して性の決定は完了することになる．

　一方，性分化といえば，生まれた子が雄か雌かに決定され，さらに雄あるいは雌として機能する過程すべてを含む．すなわち卵と精子の合体に始まり，生殖腺原基の精巣あるいは卵巣への分化，生殖活動に関与する種々の生殖輸管系の分化，そして脳の性分化，最後は各器官が正常に機能した結果としての行動の性差によって完結するわけである．

　性差という言葉を考えるための参考として，植物ではあるがアオミドロの例をあげるべきであろう．細胞が1列に並んだ糸状体の淡水藻類である緑色のアオミドロは，染色体数が単相の1ゲノムで，接合と呼ばれる有性生殖を

■1章 性とは何か

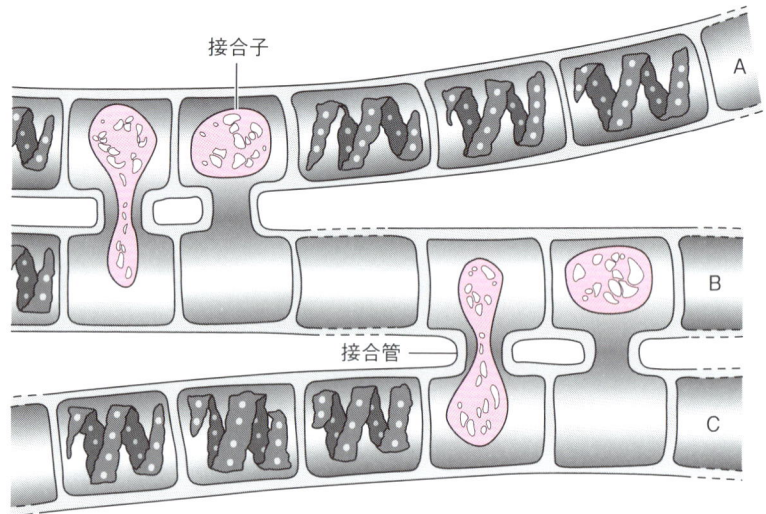

図1.3 アオミドロの接合
淡水藻類で水槽の雑草ともいうべきアオミドロは，同形配偶子接合と呼ばれる有性生殖を行う．アオミドロAの体細胞の1つが，あたかも卵細胞のように，アオミドロBの1つの体細胞から接合管を通して染色体（遺伝子）をもらい，接合子をもつようになる．しかし，アオミドロBの他の体細胞は，卵細胞のようにアオミドロCの1つの体細胞から染色体をもらって，接合子（$2n$）をもつようになる．遺伝子を与える方が雄，遺伝子をもらい自分の遺伝子と融合させる方が雌とすれば，ここではAが雌，Cが雄で，Bは雌と雄の役をこなしていることになる．なお，接合子は越冬し，春になると減数分裂して単相（n）に戻り発芽して1つの個体となる．

行う．2つの糸状体の2つの体細胞が配偶子のようにその遺伝子を融合させ，受精卵に相当する接合子（$2n$）をつくる（図1.3）．接合子は厚い細胞壁に包まれた状態で越冬し，やがて春になると減数分裂して単相（n）に戻る．単相になった細胞は分裂をくり返して新しい糸状体をつくる．

図1.3にみられるように中央の1個体のアオミドロBは，接近して平行に並んだ他個体のアオミドロAと互いに接合管と呼ばれる管状の構造を伸ばして連結する．アオミドロBはあたかも雄のように染色体をアオミドロAに放出して接合子をつくらせる．

しかし，アオミドロBは同時に別のアオミドロCに対しては雌のように

振舞い，アオミドロ C から染色体を受け取って接合子をつくる．このような生殖法がみられることから，接合子を産生するということに関して，遺伝子を放出する側と受け取る側の役割が，それほど厳密に決まっているわけではなく，容易に変化しうるものであることがわかる．なお，アオミドロでは，お互い接合相手の細胞との間に形態的な差異がみられないことから，同形配偶子接合である．

原生動物のゾウリムシ（図 1.4）などは，同じ種の中で接合するのに相性のよい仲間と悪い仲間があり，それを分けていくと数種の性が存在することになるという．ヒメゾウリムシを用いて，1 匹の個体から出発して二分裂による無性生殖によって形成された遺伝的に同一な形質をもつ個体群，すなわちクローンをいくつかつくってみると，同一クローンの個体間では接合しないが，異なるクローンの個体を共存させると，激しく接合する場合のあることがわかった．すなわち接合を起こす 2 つのクローンは，互いに相補的な接合型をもつとされ，その個体群は姉妹種と呼ばれる．

ヒメゾウリムシでは，はじめ 7 つの姉妹種が認められ，タイプ I から VII の接合型に区別された．さらにこの接合型は 2 つのグループに大別されることがわかり，たまたま奇数の接合型と偶数の接合型がこれに対応していたところから O 接合型（奇数という英語の odd number）および E 接合型（偶数という英語の even number）と呼ばれた．接合型の違いが性の違いにあたると考えれば，ヒメゾウリムシの性は複数であるといえる．ある種のキノコでも 4 通りの性が知られていて四配偶子型といわれる．

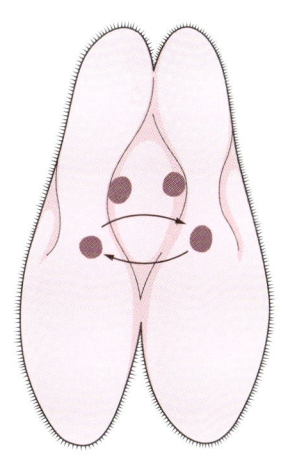

図 1.4　ゾウリムシの接合

ゾウリムシは無性生殖である分裂と，有性生殖である接合を行う生物である．ゾウリムシは 2 つの核（大核と小核）をもっているが，接合による遺伝子の交換に際しては，大核は退化し，小核のみが関与する．小核は分裂と退化をくり返して 2 個になる．図では，残った 2 つの小核のうち 1 つを交換するという，ゾウリムシに特有な遺伝子の交換様式を模式的に表した．

■ 1章　性とは何か

　すなわち原始的な有性生殖における性は，生物学的な面からみれば雄と雌の2種類だけである必然性はなく，またその役割も変えうるものだったと思われる．もちろん，これは下等な生物の話であり，いわゆる高等な脊椎動物であるヒトには，男と女という2つの性しかないといわれるはずである．しかし，同じ脊椎動物でも魚類，両生類，爬虫類などにおいては，雄と雌，どちらになるかという点に関して，それほど決定的に決められているものではないことが，やがて理解していただけると思う．

　有性生殖という繁殖法が生まれて遺伝子群の組換えがしばしば起こり，これが種の多様性につながり，環境に適応した種は当然生存し繁殖するのに有利になったであろう．

　たとえば，ゾウリムシは餌が豊富で生活条件のよい時は，二分裂して新しい2匹の個体になる無性生殖によって爆発的に増え続けるが，餌が欠乏すると有性生殖である接合を行うようになる．これは悪条件で生き延びるために，新しい遺伝的要素をもつ個体を産み出す有性生殖の利点を，ある面で示していると考えられている．多細胞生物である扁形動物，いわゆるプラナリアに属すウズムシ目（一般に自由生活者のウズムシ類をプラナリアという）の中で，日本に多く生息するナミウズムシ（図1.5）も，水温が高く餌も豊富な

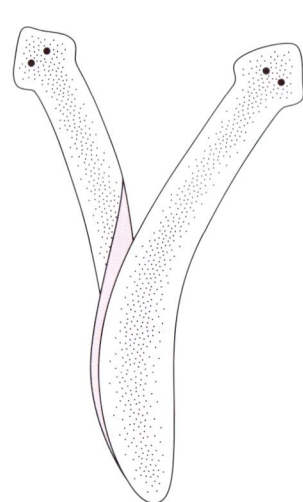

図1.5　ナミウズムシの交尾
淡水産のナミウズムシは雌雄同体であるが，生殖器官系の構造は複雑である．ナミウズムシは分裂による無性生殖でも繁殖するが，交尾による有性生殖も行う．雌雄同体といっても他家受精で，2匹が交尾して精子を交換しあう特殊な生殖様式である．
ナミウズムシの交尾期は冬から早春にかけてで，春に産卵する．1か月くらいで孵化し，成熟してから有性生殖を行う．しかし，水温が上昇する時期には，生殖器官が退化し，咽頭の後方で分裂が起こり，各分裂片は1つの個体となる無性生殖も行っている．下等なウズムシ類のなかには，鎖状につながった虫ができてから分裂する種類もあるという．

コラム2
大きいことはいいことだ

　親の体の大きさに著しい性差がある場合を性的二型と呼ぶ．アンコウのなかまは，ほとんどが極端なノミの夫婦である（図A）．ビワアンコウでは成体雌が1.2 mもあるのに対して成体雄は8 cm〜16 cm，ミツクリエナガチョウチンアンコウでは成体雌が30 cm前後で成体雄は1.5 cm程度である．チョウチンアンコウは比較的小型で，雌でも体長が10 cm足らずの個体が多いが，雄にいたっては雌の体長の13分の1程度の大きさである．雄は自由遊泳期を経て，雌の体表に付着して寄生生活にはいる．雄の体は雌の皮膚に包まれ，雌の血液から栄養をとるようになる．このため雄のもつほとんどの器官は次第に退化し，精巣だけが発達する．移動性のあまりないアンコウ類にとって，雌雄が一体となるこの生殖戦略が有利にはたらいていると考えられている．

　一方で海獣類の多くは，交尾相手の雌を獲得するために激しい闘争を行い，力の強い雄が一夫多妻のハーレム社会をつくる．キタゾウアザラシの雄は体重にして雌の8倍にもなる．トドの雄は体長3 mを超え，体重1トンにもなるが，雌は体長2.5 mほどで，体重も300 kg前後である（図B）．

　なお，脊椎動物では，雄性化を促し，維持する雄性ホルモン（アンドロゲン）が，闘争性の発現に深く関わっていることがわかっている．

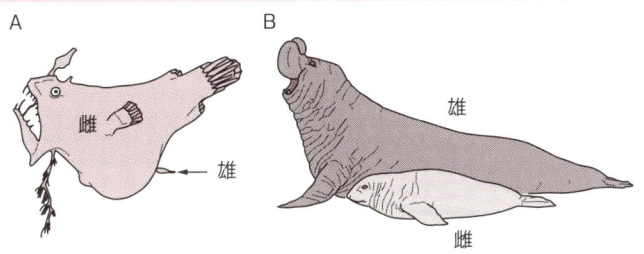

性的二型
A：アンコウの一種では，雌のからだの大きさに比べて，雄のからだは極端に小さい．雄は雌のからだに付着すると，栄養を雌からもらうようになり，完全な寄生生活に入る．
B：ゾウアザラシの一種では，雄のからだが雌より3倍以上大きい．闘争に勝った大きな雄は，数十匹の雌を従えハーレムをつくる．

■1章　性とは何か

夏の間は無性生殖である分裂によって繁殖し，餌の入手が困難な水温の低い春先に有性生殖を行う．

　有性生殖は最初，水中生活する種の間で進化したと思われている．大きな配偶子は機動性に劣るため，水中でも他の配偶子と出会う機会をつくるのが難しい．それ故に異なるタイプ，つまり一方は小さくて移動する能力に優れ，できるだけすばやく大きな配偶子を見つけて接合できるような，大小の配偶子が存在する種が有利となった．この場合，機動性では劣るが，より大きな細胞が卵となれば，栄養源を豊富にもつため，安定した生理状態を保って発生過程を完了できる．

　中間の大きさの配偶子は，より小さい配偶子と競争できるほどうまく動き回れない上，小さい配偶子によって受精されたときに生存力の高い子孫をつくれるだけの栄養の蓄えもない．このように中間的な性質をもつものが不利で，両極端のものが共に有利であるようなときに起こる，分断性淘汰と呼ばれる機構がはたらく．こうして2つの異なった型の配偶子，すなわち大きさの極端に異なる卵と精子が出現するための舞台が整うわけである．

　さらに栄養豊富な卵を多数産生する雌のからだ自体は，大きいほうが有利で，小型の配偶子である精子を産生する雄の体格は小さくてもよい．この必然的に有利な戦略をとった動物は，雌の体格が大きく，雄の体格が小さいことが多い．しかし，後で述べるように雌を獲得するための闘争が必要な動物では，戦いに有利なように雄の体が大きく，雌の体は雄より小さい．このようにして，配偶子の性差は親の体格の性差にも及んだのではないだろうかと考えられる．

　有性生殖に必須の減数分裂が確立され，異形の配偶子が誕生したことにより，体格の大小ばかりでなく，生殖のための器官系にも性差が要求されたと考えられる．すなわち，異なる配偶子を生産するためには，異なる形態と機能をもつ器官が必要であろうし，出会った相手が卵を生産する個体か，精子を生産する個体かの識別に役立つ器官も備える必要があったに違いない．このために異形の配偶子の誕生が，親の異形性，すなわち性差の成立を促したのではなかろうか．

2章 性の決定

　性の決定とは，雌雄で異なる表現型（性的二型性）をもつ生物種が，成長したとき，どの型の生殖腺（生殖巣）をもつことになるのかが決定されることである．個体の発生が進行していく過程において，性的に未分化な状態から，各々の体組織に雌雄の特徴が自動的に発現してくる現象は，性分化と呼ばれている．性分化には，一般的に性的両能性をもつ時期，すなわち雌にも雄にもなれる資質をもつごく初期の状態から始まって，一方の性的特徴のみが発達する雌雄異体化と，時間的に多少前後することがあっても両者共に発達する雌雄同体化がある．

　多細胞生物では，まず生殖腺において性決定が行われ，その性決定の影響のもとに次々と他の生殖器官系や，生殖とは直接的な関係をもたない体組織にも性差が現れる．一般に生殖腺における性決定を第一次性決定，生殖腺以外の体組織に性差が形成されることを第二次性決定と呼ぶ．本書では性の決定という言葉を広義に解釈して，とくに性に依存する有性生殖という生理活動の遂行を考慮し，雄は雄としての役割，雌は雌としての役割を果して，初めて性決定がなされたと考えるべきであるという立場から，以下の記述を進めていきたい．

2.1　性の決定様式

　性の決定機構を大きく分けると，遺伝的に決定されるものと，外的な環境因子によって決定されるものに大別される．

2.1.1　遺伝子型に依存する性決定機構

　配偶子のもつ遺伝子型により生殖腺の性が決定されて，その決定によって発現する遺伝子により産生される，ホルモンや酵素などのさまざまな活性化因子の影響のもとに組織，器官，個体の性がすべて決定され，外的要因の影

響をほとんど受けない場合をいう．

2.1.2　環境因子に左右される性決定機構

　遺伝子型によっては最終的な性決定が行われず，受精卵が胚や幼生あるいは成体に分化していく過程で，さらされる外的な環境要因との相互作用により性が決定される場合をいう．外的な因子としては，取得できる栄養量，温度や社会的ストレスなどがあり，さらには親の判断で性が決定される場合もこのグループに含めることにする．親が子の性を決める動物では，雄雌どちらかの個体が半数の染色体しかもたないため，半倍数性の性決定と呼ばれる．

2.2　雌雄同体と性転換

　卵と精子をつくるために，形態および機能に著しい差のある生殖器官などを所有し，2つの配偶子の合体により新個体が生まれる典型的な有性生殖を採用している動物であっても，生殖活動の際に1個体が雄の役割と雌の役割を果たすことのできる動物がいる．このような動物を雌雄同体と呼ぶ．

　動物界を眺めてみると，海綿動物のような比較的分化の程度が低い動物は，単に機能が少々異なる数種類の細胞が集合し，共同生活をしているものとみなされ，いわゆる個体としての性は雌雄同体である場合が一般的である．

　真正後生動物群といわれる，各細胞の分化程度がより進んだ動物群に属す刺胞動物になると，体の一部に，有性生殖に必要な卵と精子をつくる生殖腺と呼ばれる器官を備える余裕が生まれる．卵と精子が存在すれば性があることになるが，刺胞動物のように，卵をつくる卵巣と精子をつくる精巣を，1個体が合わせもった雌雄同体では，生殖腺の細胞組織に部分的な性の分化があるだけで，個体全体としては性分化がないと考えるべきである．

　卵あるいは精子を片方だけつくる生殖腺を有する種のみ，個体としての性別があることになる．しかし，多細胞生物として，より分化の進んだ動物にも雌雄同体はみられる．雌雄同体の種が多い動物としてよく知られているものは，軟体動物のカタツムリやナメクジ，ウミウシや一部の貝類など，環形動物のミミズ，節足動物のフジツボ（図 2.1 左）やカメノテ（図 2.1 右），原索動物のホヤなどがある．

図 2.1　クロフジツボ（左）とカメノテ（右）
フジツボもカメノテも雌雄同体であるが，自家受精はしない．カメノテはおそらく動物の中で最も長い交尾器官をもっていて，それを振りまわして，近くの個体から伸びた交尾器官をとらえて精子を送りこむ．フジツボも同様の生殖行動を行う．両種とも雌雄同体なので，自らのまわりの個体はすべて異性ともなりうるから，相手を探す心配はまったくないわけである（写真提供：東京大学臨海実験所 伊勢優史博士）．

　雌雄同体の動物であっても，より効率的な繁殖を行うための戦略と考えられるが，卵と精子を同時に生産する場合，あるいは時間差をもって生産する場合と，いろいろな例が存在する．これらはそれぞれ同時的雌雄同体，雄性先熟あるいは雌性先熟と呼ばれるものである．

　ほとんど同時に卵と精子を生産するものを同時的雌雄同体と呼ぶ．雄性先熟とははじめ雄で後でより大きく成長してから雌になるもの，雌性先熟とははじめ雌で後に成長すると雄になるもので，合わせて隣接的雌雄同体ということもある．

　このようにその生活史の間に，雄になったり雌になったりするのは性の転換というべきもので，性の決定そのものが変更されたのではないと考えられる．すなわち生物学的な性転換とは，基本的に生まれつき雌雄同体である動物が，時間差をもって雄あるいは雌の性を発現させることを指すことが多い．生殖腺組織における性差が時間的差をもって発現することは，性の表現型の変更とみるのが正しいのかもしれない．無論，完全な意味で雄から雌，あるいは雌から雄へ性転換してしまう動物も存在する．

　軟体動物に属す貝類の多くの種，たとえばマシジミなどに雌雄同体がみられる．ドイツを流れるライン川の本流の流域には，これまでいくたびかの洪

■ 2章　性の決定

水などにより形成された多くの三日月湖が点在している．この本流や三日月湖にはドブガイの一種が生息している．本流の祖先集団と思われるものはほとんど雌雄異体であるが，比較的新しく隔離された三日月湖の集団の性比は雌に偏っており，さらにより古い時代に隔離された三日月湖の集団は雌雄同体であることがわかった．

　この現象は，隔離された環境で効率的に繁殖するため，雌雄同体になることで雌雄異体の場合に必要な，お互いを探しだすための生殖行為の前段階での活動にかかるコストを，低く抑えたものと考えられている．すなわち個体数の変動の影響をうけて，典型的な有性生殖である雌雄2個体の出会いという機会を逃す危険性を軽減するために，雌雄同体に発達したものであろうといわれている．

　カキは漢字で牡蠣と書く．江戸時代に書かれた「日本山海名産図会」には，石に付いて動かないので雌雄の別はなく，すべて牡（雄）であるから牡蠣と書き，蠣とは貝殻が粗大という意味であると記載されている．

　しかし，カキは雄ばかりでなく性転換をする動物である．程度の差はあるが，雌雄同体の傾向はすべての個体にみられる．たとえば成熟した卵と精子をもつ雌雄同体のほかに，完全な雄あるいは雌が存在する．また，雄あるいは雌と判別されるが，それぞれ異性の痕跡を留めているものもある．マガキで2年間同一個体を観察すると，前年雄であったものが雌になったり，その反対の場合もあったりして，1年間に約3分の1が性転換するという報告もある．

　性転換の最大の要因は栄養条件といわれ，栄養のよい場所で育てると雌に，栄養のわるい場所で育てると雄になる．さらに栄養のよい場所では1年目より2年目のほうが，雌個体の割合が増加する．栄養の悪いところでは，1年目に雌であったものが雄にかわり，全体として雄がふえてくる．

　なお，人工的な構造物上に固着性の二枚貝の幼生が定着した場合，当初の一齢集団では性比がほぼ1：1であるが，大きくて高齢の雌個体を含むような齢構成をもつ集団においては，一齢個体のほとんどが雄であるという．

　潮間帯の岩礁に付着して生活するマキガイ綱のアワブネガイは，いくつか

22

コラム3
動物たちの上げるのろし

　体内で産生され，個体の体内の血糖量や浸透圧などの恒常性（英語ではホメオスタシスという）を維持するためにはたらく活性物質をホルモンと呼ぶ．ホルモンは「刺激する」という意味のギリシア語がその語源である．ホルモンは体内でのみ作用し，原則的には他個体に影響を及ぼさない．

　一方，体内で産生され，体外に放出されて，自らあるいは他個体に特異的な行動を引き起こす活性物質をフェロモンと呼ぶ．フェロモンは「運ぶ」という意味のギリシア語とホルモンという語を組み合わせた造語である．

　フェロモンの研究は，フランスのバルビィアニによりカイコガで発見された異性誘引物質から始まった．この研究は，有名なファーブルの昆虫記の中でも紹介され，ファーブル自身も誘引物質の研究を行っている．しかし，フェロモンのとどく距離をあまりにも長距離と判断したことなど，彼の記述には多少の誤認がある．

　フェロモンには，それを生産する個体が得をする物質，たとえば異性を誘うために雌カイコガが放出する雄誘引物質や，敵の攻撃から身を守るカメムシの防御物質などがある．また，フェロモンを受け取った他個体が得をするような物質もあり，仲間にその存在を知らせるために放出されるゴキブリの集合フェロモン，昆虫の出すフェロモンに寄生バチが誘引される場合などがある．

■ 2章　性の決定

の個体が積み重なってひな壇状の集団をつくっているが，下の方にいてほとんど動かない大きな個体は雌であり，上の方にいて動くことができる小さな個体は雄である．雄と雌の中間に位置する個体は，雄から雌へ性転換する途上の状態にある．雄は雌の集団に付着しているとなかなか成長しないが，ひな壇の頂上にいる雄を採って隔離し単独で飼育すると，大きく成長して雌に性転換することから，雄性化が雌の存在に強く影響を受けていることがわかる．

　また，雄が外見から判別可能な大きなペニスを備えているヒラフネガイも，大きい雌の個体の殻上に小型の雄が付着しているという．ペニスの発達と退化を観察して性転換を調べると，性的に未分化な幼生が雌の近くに棲むようになれば雄になり，単独で成長すれば雌となるらしいことがわかった．

　実験的にヒラフネガイの雄と雌が接触できないように1つの水槽を仕切り，海水の行き来は自由にしておくと，雄は雄のままでいて雌にはならない．このことから，2個体の直接的な接触が性の転換に必要なわけではなく，雌が体外に放出する雄性化物質（フェロモンと考えられた）があると結論づけられた．一方で，すべての個体が多かれ少なかれ雌性化フェロモンも放出しているので，ひな壇の下に位置する個体ほど，上に位置する多数の個体からの濃い雌性化フェロモンにさらされることになる．すなわち，ひな壇の下方の個体ほど雌性化の程度が強くなる．同じマキガイ綱のツタノハガイにも，雄から雌への性転換現象がみられるという．

　これらの軟体動物では，生まれつき雌雄同体であり，外的な要因によって両方の性を発現したり，雌雄どちらかの性を発現したりすることができる便利な性をもっているわけである．

　一般的に雌雄同体は，移動性があまりなく，しかも一定の地域内に生息する個体数の密度の低い無脊椎動物において有利な生殖様式と思われる．

　環形動物のノリコイソメ科のゴカイの一種は一夫一婦で生活しており，ペアのうち大きい個体が雌になり，小さな個体が雄になる．しかし，雌として産卵を続けると体重が減少するため，やがてサイズの逆転が起こり，それまで雌だった個体が雄に，雄だった個体が雌に性転換するという都合のよい生

き方をしている．

　同様の雌雄同体現象がみられる節足動物も多数おり，たとえば甲殻綱のフジツボ，カメノテ，エビの仲間などがそうである．タラバエビ科のホッコクアカエビは，からだのサイズが小さいうちは雄となって精子を産生する．しかし，からだがある程度まで成長すると，精巣の代わりに卵巣が発達して産卵を始めるので，雄性先熟タイプの雌雄同体ということになる．なお，生殖活動に際してホッコクアカエビは，特定の相手とペアを組んだりせず，出会った相手とペアになる，いわば乱婚型の生殖様式をとっている．この他，テッポウエビ科のムラサキヤドリエビなども雄性先熟の性転換をする．

　これまで述べた雄性先熟という様式を採用した性転換の利点は，栄養を豊富に含んだ大きな卵を多数産まなければならない雌は，体格が大型の方が有利であるから，小さいうちは雄として機能し，大きくなってから雌として機能する戦略をとったと理解される．このような性の転換を説明する理論として，体長有利性説と呼ばれる説があり，とくに魚類の研究から強く支持されている．さらに巌佐（九州大学）により，成長速度や死亡率に性差がある場合も考慮したモデルも提唱されている．

　ヨコエビ目ヨコエビ亜目に属すエビは，エビといっても食用にするエビ目（十脚類）のエビではない．体長も 1cm 以下と小型で，水辺の石の下などに棲むものはヨコエビ，陸上生活をおくるものはトビムシという和名のつくものである．淡水あるいは海水にも棲める広塩性という性質をもつある種のヨコエビは，繁殖期に交尾相手を確保してペアをつくり，大きな雄が自分よりは多少小さい雌を交尾可能になるまで抱え込んでいる．このため春に生まれた個体の多くが雄となり，夏から秋に生まれた個体の多くが雌となる（図2.2）．

　長日条件で生まれた個体はより早く成長し体格が大きくなるが，短日条件で生まれた個体はそれほど大きくならない．すなわち光周期が，このヨコエビの性決定に関与しているわけである．そして翌年の繁殖期，大きな雄の個体は，自分より多少体格は小さいが，雌としてはより大きな個体を抱え込んでいることができる．このため体格の大きな雄個体ほど，卵を多く産む可能

■ 2章 性の決定

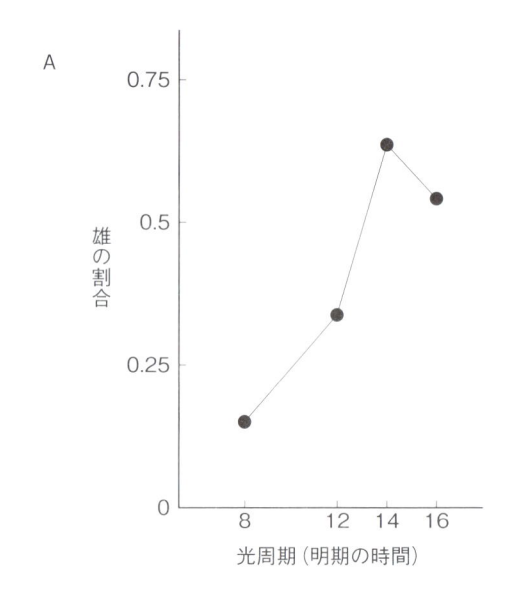

図2.2 ヨコエビの性決定
A：ヨコエビでは，繁殖期になるまで，大きな雄が，雌の中では比較的大きな個体を抱え込んでいる．このため長日条件（春から夏）で生まれた個体が雄となり，短日条件（夏以降）で生まれた個体は雌となる確率が高い．よりよい異性を獲得するために闘争が必要な動物では，体格に著しい性的二型性がみられる場合が多い（巌佐，1991より改変）．
B：ヨコエビ（写真提供：東京大学臨海実験所 伊勢優史博士）

性の高い大きな雌を獲得でき，小さな雄は 1 匹の雌も獲得できないことになる．

実験的にも，水温を一定に保ち日照時間を変化させると，長日条件のもとで孵化した個体の多くが雄に，短日条件のもとで孵化した個体の多くは雌になったことから，光周期が性の決定に関与することは明白である（図 2.2）．

前に述べた乱婚型のホッコクアカエビと異なり，ヨコエビの雄はより大きく強いことが，少しでも大きい雌を獲得するには有利で，どちらも生態学的にみて納得のいく生殖戦略をとっているわけである．

日本の中部以西の水田に多数生息する淡水産のカブトエビ目のカブトエビは，北アメリカにも分布している．北アメリカの生息密度が高い地域にいるカブトエビはほとんど雌雄異体であるが，生息密度の低い地域の種は雌雄同体が多いという．これは先に述べたライン川のドブガイのように，生息密度が低いと雌雄同体となり，雌雄異体の出会いにかかるコストを軽減しているのであろう．この他に節足動物では，ワラジムシ目のウミナナフシなどで，雌性先熟を行う種が知られている．

脊椎動物をみてみると，硬骨魚類の多くは雌雄異体であるが，雌雄同体も珍しくない．今までのところ 100 種以上の魚類で機能的雌雄同体が知られている．同一個体内で雌雄の性が同時に機能的となるタイプの魚種は，ハダカイワシ目，カダヤシ目，スズキ目ハタ科に属す魚で知られていて，その大多数は海産のものである．

カダヤシ目キプリノドント科のマングローブキリーフィッシュ は，卵巣と精巣が同時に成熟し，自家受精を行うことが知られている．自然状態で自家受精を行うことからクローン，すなわち遺伝子型の均一な個体群をつくる特異的な魚類である．地中海に棲むニシンの一種であるペインテッドコンバーも雌雄同体で，雄と雌の役割を交換しながら産卵と放精をくり返すという．

雌性先熟タイプの魚種はまず卵巣が発達し，産卵期が終了すると卵巣が退縮し，代わって精巣が発達して雄性となる．このタイプの魚はスズキ亜目に属するものが多い．ハタ科マハタ属の魚，キダイ，サクラダイ，キンギョハ

ナダイ，ベラ科，ブダイ科の魚，トラギス科のコウライトラギス，それにタウナギ科のタウナギなどが知られている．

　淡水産のタウナギは，生後2～3年まで雌として産卵活動をしたのち雄に性転換する．この雄への性の転換は，それまで不活発であった雄性組織の間質細胞の増殖と，それに伴う精原細胞の増殖に始まるという．また，タウナギでは飢餓が，高率に間性個体あるいは雄個体の出現を誘うといわれている．

　後で詳しく述べるように，ハーレム型の一夫多妻で，グループ内で最も優位な雄が雌を独占するような種に雌性先熟が多い．これら雌性先熟の魚類で機能的に雌性を示す期間は，生殖腺が一般に卵巣様の組織だけからなるので，精原細胞は生殖腺内のどこかにひっそりと存在し続けるのか，あるいは雄性への転換時に精原細胞が形成されてくるのかは明らかでない．

　雄性先熟型の性転換を行う魚類は比較的少ない．このタイプの魚種は，まず精巣が成熟し産卵期が終了すると，退縮した精巣に代わって卵巣が成熟し雌性となるものである．雄性先熟の例としては，タイ科に属するクロダイ，ヘダイ，キビレなど，スズメダイ科のクマノミ類，コチ科のイネゴチなどがよく知られている．

　クロダイは普通，満2歳時まで雄として機能した後，雌に性転換するといわれているが，すべての個体で性の転換が起こるのではなく，高齢魚にも雄のままのものがいることが知られている．孵化後2か月後くらいから，それまで未分化状態であった生殖腺に卵巣と精巣の原基が形成されてくる．数か月たつと，結合組織でへだてられた精巣と卵巣の2つの組織が明瞭に識別できるようになる．成長して雌となったクロダイの生殖腺は卵巣のみからなり，精巣は痕跡となってしまう．ただし，卵巣の発達には当初から個体差があり，発達のよい個体は早期に雌性に転換し，発達の悪い個体では転換の時期が遅れたり，一生雄のままで過ごしたりする個体もいるらしい．

　クマノミ類は大きなイソギンチャクに共生する．1つのイソギンチャク内で最大の個体が雌になり，2位の個体が雄，3位以下は未成熟のままとなる．しかし，雌が何らかの原因でいなくなると，2位だった雄個体が雌に性転換し，3位だった個体が成熟して雄として機能するという．

> **コラム 4**
> **一人二役の動物たち**
>
> 　卵巣と精巣が 1 つの個体内に存在する雌雄同体の動物でも，通常は他の個体と交尾（植物の場合は受粉）を行って，精子（花粉）を交換し合うので，受精にあずかる卵と精子は別個体のものがほとんどである．それでもまれに自己の卵と精子の間で受精が行われる，線形動物のセンチュウや節足動物のワタフキカイガラムシのような例もあり，これを自家受精という．脊椎動物においても，本文にあるようにカダヤシ目キプリノドント科のマングローブキリーフィッシュで自家受精による繁殖がみられる．

　比較的高等といわれる動物群の中に，なぜ雌雄同体という性的に中途半端と思える状態の動物が存在するのかについては，性分化に対する遺伝的要素の関与のしかたが弱いこと，生殖腺が分化してくるときの形態形成のしくみがある意味で単純であること，生殖腺内の異性組織間の拮抗関係の弱さなどが理由としてあげられている．

　なお，軟骨魚類では，性転換する種は知られていない．その理由として，軟骨魚類はすべて体内受精であり，雌雄の生殖器の構造が著しく異なるため，性転換するにはコストがかかり過ぎるためではないかと考えられている．

　両生類や爬虫類の性分化と生殖様式はかなり保守的であり，雌雄同体の種はいないようである．無論，鳥類や哺乳類にも雌雄同体の種は見当たらない．

2.3　単為生殖

　単為生殖とは，雌が雄から配偶子（精子）をもらわずに，単独で子を産むことである．単為生殖が無性生殖と異なる点は，親の体細胞から直接的に子が産まれるのではなく，生殖細胞としての卵が存在することである．その卵

が受精という過程を経ずに単独で発生することから，単為生殖あるいは処女生殖といわれるわけである．単為生殖にもいくつかの型があるが，生まれる個体の染色体数によって大別すると，新個体が単相（n）ならば半数性単為生殖，複相（$2n$）ならば倍数性単為生殖という．生殖に雄の遺伝子が関与せず，雌の遺伝子のみが関与する点で両性生殖ではないが，体細胞から直接新個体を生じるのではなく，生殖腺内の卵細胞とみなされる生殖細胞から新個体を生じるため，明らかに無性生殖とは異なる生殖法である．

単為生殖は多くの動物で認められるが，ある種の無脊椎動物においては，その生活環の中で，両性生殖と単為生殖とが交互に現れることがしばしばあり，これを周期性単性生殖（ヘテロゴニー）という．周期性単性生殖を行う動物には明らかに性が存在するので，その単為生殖は有性生殖の一部を変更して爆発的な増殖を可能にしたものであると考えられる．

扁形動物吸虫綱のカンテツやハイキュウチュウは雌雄同体で，哺乳類の肝臓や肺に寄生して自家受精するが，その生活環の中で幼生生殖とも呼ばれる特殊な単為生殖を行う．

まず，産卵されたカンテツの受精卵は宿主（寄主）の糞とともに外界に出て水中に入ると，孵化してミラキジウムと呼ばれる幼生となる．ミラキジウムはカワニナなどの巻貝の消化管に侵入し，スポロキストと呼ばれる幼生となる．スポロキストの体内では，ミラキジウムの時期から存在していた特殊な細胞が増殖してレディアと呼ばれる幼生となる．このレディアの体内でも，同じように特殊な細胞が増殖してケルカリアと呼ばれる幼生が生じる．このように幼生の形で次々に繁殖したケルカリアは巻貝から水中に出て，第二中間宿主のサワガニやザリガニなどに侵入し，鰓や筋肉内でメタケルカリアと呼ばれる幼生となる．第二中間宿主が最終宿主の哺乳類に食べられると，メタケルカリアは消化管の壁を通り抜けて体内に入り，やがて肺に達し，そこでようやく吸盤を備えた成体のカンテツとなる（図 2.3）．

淡水中で浮遊生活を営む輪形動物ワムシ類の多くの種は，春になると越冬した受精卵から単為生殖を行う雌が生まれる．この雌の産む卵は，減数分裂の第一分裂だけを終了し，第二分裂が完了しないために染色体数が半減して

2.3 単為生殖

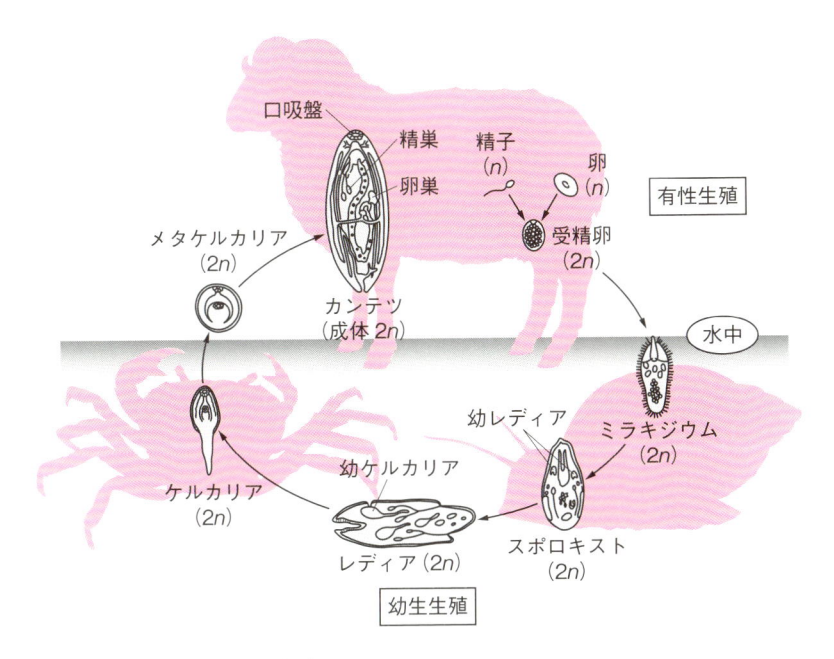

図2.3 カンテツの生活環
　扁形動物吸虫綱のカンテツは寄生生活を送る動物である．哺乳類に寄生している成体において精巣と卵巣が成熟し，精子と卵を放出する．これら配偶子が合体して受精卵となり，水中で幼生が孵化する．幼生の体内では次々と次代の幼生が育つが，この間に第一宿主である巻貝など，次いで第二宿主のサワガニなどに寄生する．第二宿主内でメタケルカリアと呼ばれる成熟した幼生となって待機し，第二宿主が最終宿主である哺乳類に食べられると，その体内で吸盤を備えた成体のカンテツとなる．

いない体細胞と同じ複相の染色体をもち，夏卵と呼ばれる．夏卵は単独で発生して親と同じ単為生殖雌となり，春から秋まで単為生殖をくり返す．これを倍数性単為生殖という．しかし，生活環境が悪化する秋になると，この単為生殖雌の中から，卵形成の際に減数分裂の第二分裂を完了させることのできる雌が現れる．この雌を両性生殖雌といい，雄卵と冬卵（耐久卵とも呼ばれ単相である）と呼ばれる染色体数が半減した二種類の卵を産む．秋のうちに雄卵は発生を開始して，単相の雄が孵化する．この雄は，両性生殖雌と交尾して冬卵に精子を提供する．受精卵は $2n$ の染色体数をもつ耐久卵として

31

■ 2 章 性の決定

越冬し，春になると単為生殖雌が生まれることになる．

単為生殖雌から両性生殖雌への切り替えを促す要因は餌の量，水温，日照時間，個体密度などであると考えられるが，シボリフクロワムシではビタミンEが両性生殖雌への変換に有効であるとの報告もある．

このほか単為生殖する動物として，節足動物に属すアリマキ（アブラムシ）

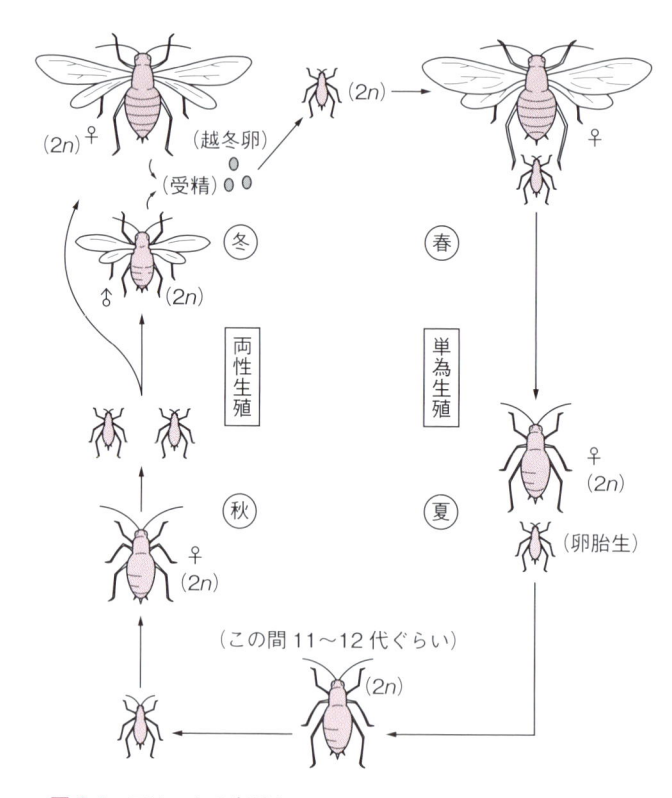

図 2.4 アリマキの生活史
節足動物昆虫綱のアリマキは，生き延びるため特殊な繁殖戦略をもっている．春に生まれる個体は雌であり，餌も豊富な秋までは単為生殖をくり返し爆発的に個体数を増やす．生活条件が悪くなると，雄と雌を産む産雄母と産雌母が生じる．それらはそれぞれ雄と雌を産んで両性がそろい，雄は雌の産んだ卵に精子を与えて受精卵（越冬卵）ができる．受精卵は厳しい冬を乗り切り，春になると単為生殖を行う雌として孵化する．

がよく知られている．アリマキはワムシ類と同様に春から秋にかけて餌が豊富な時期は雌個体のみで単為生殖を行い，雌ばかり生まれる．しかし，秋の終わりに餌となる植物が落葉したり枯れたりして生存環境が悪くなると，翅(はね)のある雄を生む産雄母(さんゆうぼ)と，雌を産む産雌母(さんしぼ)が生じ，それぞれが産卵して雄と雌がそろい，両者の間で受精卵が産生される．この受精卵を越冬卵という．翌春になるとこの受精卵からは単為生殖雌が生じて，爆発的な増殖を開始する（図 2.4）．

これまで述べた無脊椎動物では，その生活史の一環として，とくに生息条件に対応して単為生殖を行う場合が多い．しかし，脊椎動物における単為生殖は外部環境の変化に左右されず，その繁殖期に常時行われる場合がほとんどである．

硬骨魚類のニクハゼやフナ類によくみられるように，雌の個体数が雄より著しく多いものや，雌ばかりのものも少なくない．唱歌『故郷(ふるさと)』の「うさぎ追いし　かの山　こぶな釣りし　かの川」に出てくるフナは多分ギンブナであろうとされるように，わが国に広く分布するギンブナは，雄の数が少ない魚である．

とくに関東地方などでは雄が見当たらず，全個体が雌である．このような地域のギンブナの大部分は，その染色体数が 156 本あるいはまれに 206 本であり，他の地域の多くのフナが二倍体で 100 本なのに対して，三倍体あるいは四倍体となっている．さらに奇妙なことに，このような三倍体のギンブナの雌の卵に他種のフナの精子をかけると，正常に発生するが雑種とはならず，三倍体のギンブナの雌となる．

九州あるいは中国地方のギンブナは普通に雄と雌がいて，染色体数は 100 本の二倍体である．関東地方の雌のギンブナは雄がいないので，キンブナやニゴロブナといった近縁の亜種の雄の精子によって，受精刺激を受けるだけで発生を開始する卵を産む，特殊な生殖を行っているらしい．生息地域に他種のフナもいなければ，コイやドジョウなどの精子による刺激でも発生するという．なお，ギンブナの雌は産卵に際しフェロモンを放出し，この刺激で他種の雄が放精を促されるといわれている．このように雌のみで行う生殖様

■ 2章　性の決定

式を雌性生殖という．

　テキサス南部の河川に生息しているカダヤシ科のペシリア・フォルモサの自然集団にも雄が見つからず，雌ばかりで繁殖していることがわかっている．この魚の卵は同じ河川に棲む同属のペシリア・ラティピンナあるいはペシリア・メキシカナの雄の精子によって受精刺激を受けて卵割を開始するという．このとき有性生殖で起こるはずの精子の核と卵の核の融合が起こらず，卵内に入った精子の核は排除されて，割球は卵から由来した染色体だけを複製して発生過程を完了する．雌性生殖を行っていることが明らかになった．

　この他にペシリアと近縁の種も，雌ばかりで雌性生殖を行っている．これらの魚類の染色体数もギンブナと同様に三倍体である．進化のある時期，これらの原種の交雑によって三倍体が生じ，他種の精子の受精刺激を受けるだけで発生を開始できるようになったと考えられている．このように雄が存在せず，雌のみで繁殖している集団内では，全個体がほとんど同一の遺伝子構成をもつクローンとなる．

　2001年にアメリカにおいて，軟骨魚類のシュモクザメの雌が，生後1年未満の未成熟な状態で捕獲され，雄に接することなく3年間，ネブラスカ州オマハ動物園で飼育されていたにもかかわらず，単為生殖により子を産んだという報告がなされた．その後バージニア州の水族館でも同様に，雌のみで子を産んだことが確認された．シュモクザメは胎生であり，生まれた子のDNA解析により雄からの遺伝子は入っていないことが判明した．これらのサメは長期間にわたり雄に接することなく飼育されていたので，本来備わっていた単為生殖を行える能力が発現したものと思われている．

　両生類で単為生殖を行う種は，ほとんどいないようである．

　爬虫類では雌の個体数が圧倒的に多い種や，雄の見つからない種が知られており単為生殖を行っているらしい．インドやビルマに棲むヤモリの一種ヘミダクチルス・ガルノティでは，見つかるのは雌ばかりで雄は見つからないという．小笠原諸島からインド洋の島々まで広く分布するオガサワラヤモリも，国内で雄は見つかっていないので，雌による単為生殖を行っているらしい．

また，カナヘビに近いラセルタ属のトカゲ，スナトカゲのなかまのクネミドフォルス属のトカゲ，ムチオトカゲなども雌ばかりで雄が見つからないという．

　2006年にはイギリスのロンドンおよびチェスター動物園で，それぞれ飼育中だった2頭のコモドオオトカゲの雌が産卵し，それが孵化するに至ったとのニュースが流れた．世界最大のトカゲとされるコモドオオトカゲも単為生殖を行うことが明らかになった．これも隔離飼育が単為生殖を誘発したと考えられている．ヘビの仲間では，ブラーミニメクラヘビが単為生殖をしているといわれる．

　これら単為生殖を行う種の多くは，雌雄が存在して両性生殖を行う近縁種との間で何回かの交雑があって生じたものと推定されている．多くの場合，単為生殖を行う種のゲノムが2～3種に由来するらしいことから，雑種強勢が起こり，単独で増殖する能力を獲得するようになったと考えられている．また，その際には遺伝子の組換えを行わないことから，突然変異によらないかぎり遺伝子組成の同じ子孫（クローン）を増やすことになり，それが特定の環境のもとで生存に有利だったのかもしれない．

3章 遺伝子型に依存する性決定

　生物としての存在そのものを具体化する形質は，DNAに刻まれた遺伝子の情報によって決定されるわけだから，生物の性も遺伝子によって決定される．しかし，性を決定し，さらにそれ以降の性の分化を誘導する遺伝子は，複数個あるようなので，直線的に性と性分化の方向が単純に決まり，成体としての雌雄ができあがるわけでもない．この章では主として遺伝子による性の決定様式をみてみよう．まず，始めに性を決める遺伝子が存在する性染色体に関して簡単な説明をし，性決定遺伝子の役割を述べる．

　生物は種によって，それぞれ細胞核内に固有の数と形の染色体をもっているので，種によるその染色体構成の特徴を表すために核型という語が用いられる．体を構成するすべての体細胞の核型は，同一種では基本的にすべて同じである．しかし例外もあり，アカガエル科のツチガエルのように，同一種でありながら生息地域で性染色体の核型が異なり，西日本，東海，関東では雄ヘテロ型（XY型），北陸地方では雌ヘテロ型（ZW型）という動物も存在する．このツチガエルでは，性染色体の2回の逆位と戻し交配，および地理的隔離などの要因によってXY型からZW型が生じたと，中村ら（早稲田大学）は考えている．

3.1　染色体と性の決定

　真核細胞からなる動物では，細胞核内に両親から受け継いだ大きさと形が同じ染色体が一対ずつあり，これを相同染色体という．この組になった相同染色体は常染色体と呼ばれるものである．しかし多くの動物において，この常染色体とは別にもう1組あるいは1本だけの異質な染色体があり，性の決定に関与している．染色体の中に，性の決定に深い関わりをもつ特別な染色体が存在するらしいという報告は，19世紀の末からみられるようになった．

1891年にドイツのヘンキングは，カメムシ目のカメムシの一種の精巣を観察して，一次精母細胞の核の中に，色素に対する染色性や，減数分裂のときの動きが他の染色体と異なる小さな染色体を発見して，これを因子Xと名づけて残りの染色体と区別した．一次精母細胞が減数分裂してつくる一対の二次精母細胞には，11本の染色体をもつ細胞と，Xが加わって12本の染色体をもつ2種類の細胞があることがわかった．この因子Xの役割については解明できなかったが，これが性染色体についての最初の記載となった．

1902年になってマックラングが，バッタの一種の精細胞にも同じような染色体が存在することを見いだし，アクセサリー染色体と名づけ，この染色体を特定するのにXという記号を用いた．彼は精細胞の半数にX染色体が見いだされることから，X染色体が性を決定する因子としてはたらいているという説を発表した．

その3年後の1905年にスティーブンズも同様に，甲虫の一種であるコメノゴミムシダマシの精巣中に大きさが異なる2種類の精子があることを発見した．すなわち，一方の精細胞の核内には10本の大きな染色体があり，他方には9本の大きな染色体と1本の小さな染色体があった．成虫の体細胞の染色体数を調べてみると，雌は大きな染色体だけを20本，雄は大きな染色体を19本と小さな染色体を1本もつことが明らかになった．

ウイルソンも同年，カメムシ目の昆虫の精母細胞を観察して，核内にやはり大きさの異なる一対の染色体があり，減数分裂によって2つの娘細胞に分配されるため核型の異なる2種類の精子ができることを確認した．彼は一対の異形の染色体の大きな方をX染色体，小さい方をY染色体と名づけた．

彼はまた，別の昆虫を調べてヘンキングの観察と同様に，雄にはX染色体が1本しかなく，その昆虫の産生する精子はX染色体をもつものと，もたないものの2種類あるという報告も行っている．現在では，前者はXX／XY型，後者はXX／XO型と呼ばれる性染色体構成をもつ動物として知られている．

なお，性の決定に関与する性染色体の表記法において，雄がヘテロ（異）型の性染色体構成をもつ場合はXX／XY型，逆に雌が異形の性染色体構成

■ 3 章　遺伝子型に依存する性決定

をもつ場合を便宜的に ZW ／ ZZ 型として区別している．

　個体としての性別が明らかであるにもかかわらず，性染色体の存在が確認されている種は，生物種全体からみればまだまだ少数である．昆虫類，魚類，両生類，爬虫類などの動物群では，同じ類に属していれば XX ／ XY 型あるいは ZW ／ ZZ 型，どちらかの性染色体構成をもつというわけではなく，ごく近縁の種でも XX ／ XY 型のものや，ZW ／ ZZ 型のものがいて規則性はない．

　しかし，これまで調べられているかぎり，鳥類は ZW ／ ZZ 型のみであり，哺乳類は XX ／ XY 型のみである．そこで，鳥類は W 染色体を受け継げば雌に，哺乳類は Y 染色体を受け継げば雄になるという，一見単純な様式で性の決定をしていることになる．

　性染色体はもともと常染色体，すなわち他の染色体と，とくに変わりのないものであったろうと考えられている．この染色体が性の決定に関与する遺伝子のいくつかを獲得したことによって，他の染色体と異なる役割を主に果たすようになり，ある意味では専業化したものであろう．しかし，性染色体の組合せで決まる最初の性が，必ずしも強固に維持されるわけでもないことを順次述べることにする．

　ヒトの染色体数に関する研究報告も 20 世紀の初めから現れ，22 本から 24 本と報告されていた．1912 年にベルギーのド・ヴィニワルターが減数分裂前の精原細胞には 47 本，一次精母細胞には 24 本の染色体があると報告した．それから 10 年ほど経ってド・ヴィニワルターの結果を小熊と木原（北海道大学）が追認したが，同時にペインターは男女とも 48 本の染色体をもつと発表した．小熊らはヒトの性決定機構が XO ／ XX 型であると考え，ペインターは XX ／ XY 型を主張し長らく論争が続いた．

　しかし，1956 年にチョウとレバンは胎児の肺組織の培養系を利用して，ヒトの染色体数は男女とも 46 本であるとの報告を行った．この結果はただちにフォードとハメルトンにより追認されて，ヒトの体細胞の染色体数は 46 本で，XY ／ XX 型の性決定機構がはたらいていることが明らかになった．

　ヒトを含め哺乳類では，基本的に性染色体の組合せで性が決まる遺伝子依

存の性決定機構がはたらいている．ヒトの46本の染色体のうち44本は同形のペアをつくる相同染色体で，半数の22本は母親から，残りは父親から受け継いだものである．これら22組の常染色体とは別の残り2本が性染色体と呼ばれるもので，XとYで表し，女性はXXという同形（ホモ）の染色体，男性はXYという異形（ヘテロ）の染色体構成となる．すなわち基本的にY染色体をもつものが雄となる一見単純な方式で性が決定されている．

　体細胞の染色体構成は一般に常染色体をAで表し，哺乳類の雄ならばXY2A，雌ならばXX2A（2X2A）と表す．ヒトのX染色体とY染色体の大きさを比べると，データは研究者によってまちまちであるが，X染色体はY染色体よりおおよそ2〜4倍大きい．Y染色体はX染色体に変異が起こって，性の決定という役割を主とするように分化してきたものと考えられている（図3.1）．

　減数分裂の際に性染色体が分離しないと，配偶子の染色体数に変化が生じ，受精卵の性染色体数にも違いが生じる．たとえばXXY型はクラインフェルター症候群と呼ばれ，表現型は男性だが精巣の発達が不十分で精子の産生ができない人となる．また，X染色体が1本のみのXO型の女性はターナー症候群と呼ばれ，表現型は女性だが卵巣の発達が不十分で不妊となる．

　哺乳類の性分化は遺伝子の組合せにより，かなり強固に決められている．しかし，例外がないわけではない．北極圏のノルウェーに生息するネズミ目のモリレミングは，雄の数1に対して雌の数が3〜4と，雄の性比が非常に低い．かれらの性染色体構成を調べてみると，雄は異形のXY型である．しかし，雌の約55％は通常の性染色体構成である同形のXX型であるが，残る約45％はXY型の性染色体構成をもつにもかかわらず雌という，例外的な動物であることが判明した．

　モリレミングの染色体の形態を詳しく調べてみると，正常なX染色体とは明らかに異なるX'染色体が認められた．この突然変異を起こしたX'染色体をもつX'X雌と，正常な雄との間に生まれた仔では，正常なXX雌とXY雄の他に，XX'あるいはX'Yをもつ個体が生まれる．XX'はむろん雌だが，X'Y型の個体はY染色体をもっているにもかかわらず雌である．このため雄と

■3章 遺伝子型に依存する性決定

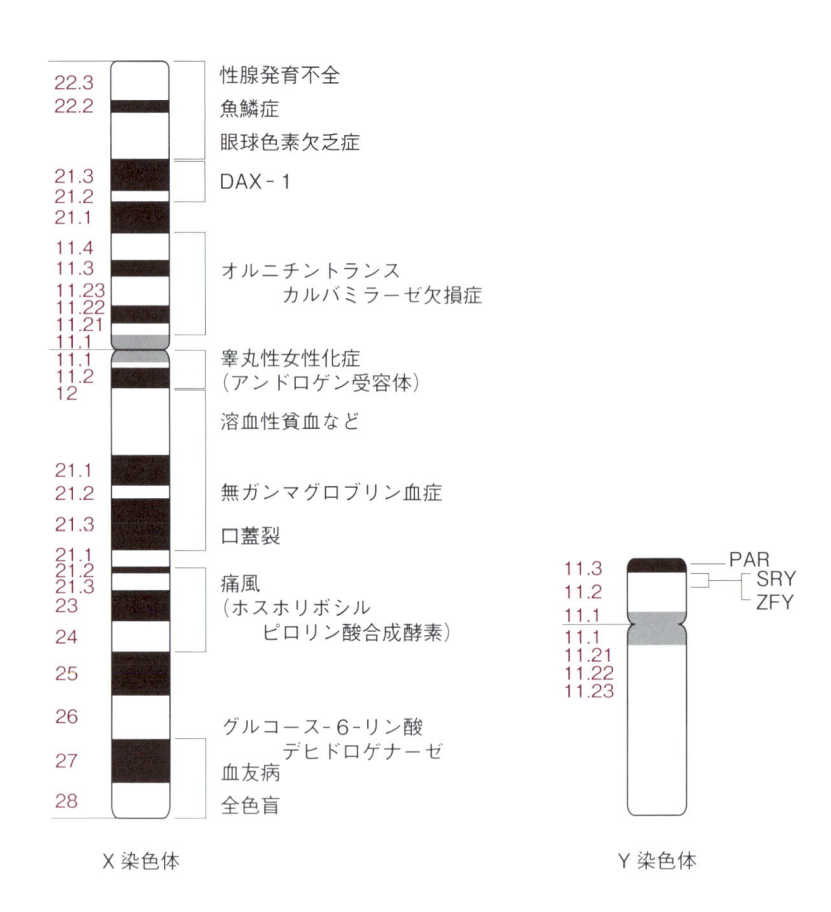

X染色体

- 22.3 / 22.2 — 性腺発育不全、魚鱗症、眼球色素欠乏症
- 21.3 / 21.2 / 21.1 — DAX-1
- 11.4 / 11.3 / 11.23 / 11.22 / 11.21 — オルニチントランスカルバミラーゼ欠損症
- 11.1
- 11.1 / 11.2 / 12 — 睾丸性女性化症（アンドロゲン受容体）
- 溶血性貧血 など
- 21.1 / 21.2 / 21.3 — 無ガンマグロブリン血症
- 口蓋裂
- 21.1 / 21.2 / 21.3 / 23 / 24 — 痛風（ホスホリボシルピロリン酸合成酵素）
- 25
- 26 / 27 — グルコース-6-リン酸デヒドロゲナーゼ、血友病
- 28 — 全色盲

Y染色体

- 11.3 / 11.2 / 11.1 — PAR, SRY, ZFY
- 11.1 / 11.21 / 11.22 / 11.23

図3.1 ヒトの性染色体のもつ代表的遺伝子

ヒトの性染色体型は，男性がヘテロのXY型，女性がホモのXX型である．X染色体はY染色体に比べ大きい．X染色体上には，好気呼吸に必要なグルコース-6-リン酸デヒドロゲナーゼの遺伝子など重要な遺伝子があるため，これがないと生きることができない．Y染色体の主たる役割は，雄の決定すなわち精巣を形成させるSRY遺伝子などを発現することであるが，そのほかにも精子形成や身長に関与する重要な遺伝子を発現している．染色体にあるくびれた部分はセントロメア（動原体）と呼ばれる．PAR：偽常染色体領域，SRY：性決定領域，ZFY：zinc-finger Y（新家，1997 より改変）

コラム 5
跡継ぎのできない三毛猫の雄

　三毛は圧倒的に雌猫に多いが，X染色体数が異常になった場合には，雄の三毛猫が現れる．
　ネコの毛色に関連する遺伝子は複数個あって，そのうちの1つであるO遺伝子がX染色体上にある．OOでは他の毛色の発現に関与する1つの遺伝子のはたらきが抑えられて茶色（オレンジ色）になる．一方，Ooという組合せのもとでは，茶色と黒色がモザイク状に発現する場合があり，白い斑点を発現するS遺伝子を同時にもつ個体ならば三毛猫となる．
　正常な雄はX染色体を1つしかもたないので，Oo型の組み合わせをもつ染色体構成をとれず，茶色と黒色のモザイクにはならない．ごく稀に雄の三毛猫も生まれる．これはクラインフェルター症と呼ばれる，XXYという性染色体構成をもつ猫であり，受精能のある精子をつくれないので，子孫を残すことができない．

雌の比率は約1対3となる．
　性染色体の組合せがX'Yの性転換型の雌というべき個体には卵巣ができ，さらに驚くべきことに産生する生殖細胞中にはY染色体をもつものがない．それは，減数分裂の途中でY染色体は消えてしまい，代わりに1本のX'染色体が倍化してX'X'となり，最終的にはX'染色体をもった卵子のみができるからである．すなわちX'染色体はY染色体を駆逐しているのである．
　このようなX'X'型の雌親の卵が，XY型の雄親の精子と合体すれば，生まれてくる仔の性染色体構成はX'X型あるいはX'Y型のみとなり，雌しかいないことになる．なぜ減数分裂の途中でY染色体が消えてしまうのか，なぜX'染色体が倍化してX'X'となるのか詳しい機構はわかっていないが，雌をより多く産むためには都合のよい突然変異である．これは北極圏という食物の

コラム6
子は母親似か父親似か

　染色体上の遺伝子が活性化されるとタンパク質がつくり出される．しかし，X染色体を2つもつ女性が，X染色体を1つしかもたない男性に比べ，2倍量のX染色体上の遺伝子を機能させることはない．これは個体発生の初期段階に，女性では体細胞に2つあるX染色体の片方が不活性化されて，その遺伝子の発現が抑制されるためである．

　このX染色体の不活性化をドーセージ補償機構，あるいは発見者のライオニー女史にちなんでライオニーゼーションと呼ぶ．この機構はすべての哺乳類ではたらいている．不活性化されたX染色体を顕微鏡で見ると，小さい塊に見えるのでバー小体と呼ばれる．

　2つあるどちらのX染色体が不活性化されるかはランダムだが，一度不活性化されると，その細胞から由来する子孫細胞では，すべて同じX染色体が不活性化される．このため身体のある部位では父親由来，他の部位では母親由来のX染色体が不活性化された細胞集団が存在することになる．

　ライオニー女史はマウスのX染色体上の遺伝子に支配される毛の色の遺伝を研究し，ネズミ色という優性野生型の遺伝子と色の違った劣性対立遺伝子をヘテロ接合体としてもつ雌の体色が，優性のネズミ色のみにはならず，2種類の色の体毛が混じった斑入りになることからドーセージ補償機構を発見した．すなわち，1個体の体細胞ではランダムに，父親由来のX染色体上の遺伝子，あるいは母親由来のX染色体上の遺伝子が発現しているので，毛色がモザイク状の斑になるわけである．

入手が困難な長い期間のある苛酷な環境を乗り切るため，条件のよい夏の間に爆発的に個体数を増やしておくことで，種族の存続を計る戦略であると考えられている．一部のX染色体に，強力な性を転換させることのできる因子をつくる遺伝子が生じたか，あるいは移動してきたかして，XY型で妊性をもつ雌が生まれ，仔を産める雌個体を多くする機構が定着しているわけである．

　やはり北極圏に棲むネズミのなかまのクビワレミングの中にも，XYの雌がいることが知られている．このクビワレミングでは，XY生殖細胞が卵巣の中で正常な減数分裂を行い，X染色体をもつ卵とY染色体をもつ卵がつくられる．このX染色体をもつ卵がX染色体をもつ精子と受精すると，XXという雌が生まれる．しかし，このX染色体をもつ卵がY染色体をもつ精子と受精すると，XYという雌が生まれることになる．一方，Y染色体をもつ卵は，雄親のX染色体をもつ精子と受精した場合には，XYという正常な雄が生まれることになるが，Y染色体をもつ精子と受精した場合にはYYとなり，胚期の途中で死亡し生まれてこない．

3.2　哺乳類の精巣決定遺伝子

　生物体を構成する基本単位である細胞の中には，遺伝子を含む染色体がその種に固有の数だけあり，哺乳類ではすべて，そのうち2本1組が性染色体と呼ばれ性の決定に関与することは前に述べた．減数分裂を経てつくられる雌の卵細胞の性染色体構成はX染色体のみからなるが，雄はXとYの2種類の精細胞をつくる．両親から放出された配偶子が合体して受精卵ができ，その結果，個体発生が始まるわけだが，X染色体をもつ卵細胞にY染色体をもつ精子が入れば雄が生まれ，X染色体をもつ精子が入れば雌が生まれることになる．

　ヒトも受精の際，男と女どちらになるかはランダムに決まるので確率的には1：1のはずである．しかし，日本における男女の出生率は，女子100人に対して男子106人であるという．なぜ男子が多く生まれるのか理由は不明だが，性別にみた乳幼児の死亡率は常に男子が女子より高い値を示す．

■ 3章　遺伝子型に依存する性決定

　性染色体による遺伝的な性の決定にもかかわらず，発生初期の未分化な生殖腺原基は，雄型あるいは雌型どちらにでも分化できる性的両能性という潜在能力をもっている．多くの動物種において，後述するように受精卵が発生していく過程での栄養や気温といった外界の環境，ある程度成長してからの社会的順位などによって，性染色体構成を無視した性の変更が起こることがある．

　しかし，哺乳類のように性染色体の分化が進んだ種では，遺伝的な性に逆らった完全な性の転換は起こらず，起こってもその発現は部分的な変化に終わる．哺乳類の性決定機構は完全に解明されているわけではないが，Y染色体があれば精巣が分化することから，Y染色体上にある遺伝子のはたらきが重要であることは間違いない．むろん，X染色体上の遺伝子のいくつかもまた，性の決定に関わっていることが知られている（図 3.1 参照）．

　前にも述べたが，性染色体構成がXO型というX染色体を1本しかもたない場合は，表現型は女性であるが，卵巣の機能不全を伴うことが多くターナー症候群となる．XXY型というX染色体が1本余分にある場合は，表現型は男性であるが，精巣の発育不全を伴うクラインフェルター症候群となる．このような性染色体と関連した突然変異の解析が，1959年から1961年にかけてヒトやマウスで行われ，哺乳類ではY染色体が性決定に直接関与することが明らかになった．その結果，Y染色体上には生殖腺原基を精巣に分化誘導する作用をもつ物質としての精巣決定因子（TDF：testis determining factor）をコードする（遺伝子の塩基配列のうち，連続する3つの塩基が1つのアミノ酸を指定していることをコードするという）遺伝子の存在が想定された．

　続いてY染色体短腕の転座や欠失によって，生殖腺が形成不全を示す症例を解析した結果，短腕上にある遺伝子が雄化の決定に関与していることが示唆された．なお，染色体のほぼ中央部には，細胞分裂の際に紡錘糸が付着するセントロメアあるいは動原体と呼ばれるくびれがあり，染色体の両端部分はテロメアと呼ばれる．染色体のセントロメアからテロメアまでの距離が長い方を長腕，短い方を短腕という．

1980 年代に入ると，さらに DNA レベルの詳細な研究が可能になり，異常な Y 染色体の構造解析が精力的に行われた．Y 染色体短腕末端部の約 250 万塩基対は，X 染色体の短腕末端部と 99％以上の相同性がある．この部分は減数分裂の際，すなわち精子形成時に X 染色体と対合し，よく乗換えを起こすため偽常染色体領域（PAR : pseudo-autosomal region）と呼ばれる．

このような染色体の一部が頻繁に交換される部位が性の決定に関与している可能性は少ないが，まれに PAR に隣接する領域まで含めて，X 染色体とY 染色体の間で交換が起こったとみなされる XX 男性や，XY 女性の例があることが判明した．これは精子形成時に Y 染色体の PAR を越えて，その近傍領域まで X 染色体に移動したため，その部分を欠失した Y 精子や付加された X 精子ができ，それらの精子によって受精が成立したことが性の逆転につながったと推定された．

このことから Y 染色体の PAR の近傍に TDF をコードする遺伝子が存在するとの想定で研究が進み，1987 年にページらにより，その所在は PAR からセントロメア側へ 140kb ほど離れた地点から始まって，さらにセントロメア側へ 140kb いった範囲内にあると報告され，zinc-finger Y（ZFY）と名づけられた．

ところがイギリスのグッドフェローを中心とするグループは，1989 年に ZFY は TDF ではなく，TDF は ZFY よりも PAR に近い約 60kb の領域内に存在すると報告した．彼らはさらに研究を進め 1990 年～ 1991 年にかけて，TDF 遺伝子のある場所を 14kb にまで絞り込み，その領域を SRY（sex-determining region on the Y chromosome：Y 染色体上の性決定領域）と名づけた（図 3.2）．

この SRY を含む 14kb の DNA 断片を雌マウスになるべき XX 受精卵に導入すると，雄に性転換したことからも，これが未分化な生殖腺を精巣に分化させる TDF をコードする遺伝子が存在する領域であろうと考えられた．

同年にマウスからも SRY 遺伝子に相当する Sry 遺伝子が同定された（通常，ヒトの遺伝子名は大文字で SRY や DAX などと表し，マウスやラットなどの動物では 1 文字目のみ大文字で Sry，Dax と表す）．Sry 遺伝子は精巣が分

■3章 遺伝子型に依存する性決定

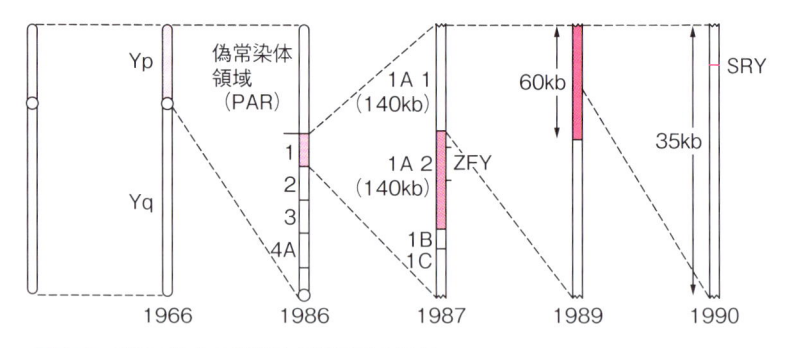

図 3.2　Y 染色体上の精巣決定遺伝子の探索
Y 染色体の短腕（Yp）上に精巣決定因子（TDF）をコードする遺伝子があるとの想定から研究が進み，1987 年には偽常染色体領域（PAR）の近傍に zinc-finger Y（ZFY）が発見された．しかし，1990 年には，ZFY よりもっと PAR に近い位置の 14kb 内に性決定領域（SRY）があるとの報告がなされた．現在でも SRY は，哺乳類における有力な精巣決定遺伝子が存在すると考えられる領域の 1 つである．
Yp：Y 染色体短腕，Yq：Y 染色体長腕

　化する時期と一致する胎齢 10.5 日から 12.5 日にかけて発現する．発現のピークは 11.5 日で，おそらく 6 〜 8 時間という短い間，一過性にみられるという．Sry 遺伝子の発現がみられる細胞は，将来生殖腺となる生殖隆起内の，やがてセルトリ細胞に分化する未分化細胞であるセルトリ前駆細胞である．なお，セルトリ細胞のはたらきについては，後に詳しく述べる．
　この時期に Sry 遺伝子の発現がみられないと，未分化細胞は将来卵巣で卵を取り囲み卵胞（濾胞）を形成する卵胞（濾胞あるいは顆粒膜）細胞になり，Sry 遺伝子が発現すればセルトリ細胞へ分化する．Sry 遺伝子を発現したセルトリ前駆細胞の主導のもと，他の生殖腺を構成するほとんどの組織が雄型となり，胎齢 12.5 日に精巣が分化する．
　ヒトの SRY 遺伝子は 204 個のアミノ酸をコードしており，興味深いことに，中央部の 79 個のアミノ酸をコードする塩基配列は，HMG（High Mobility Group proteins）をコードする塩基配列と非常によく似ている．なお，HMG は特定の DNA 塩基配列に結合して，その構造を変化させ転写を活性化するタンパク質群である．このように塩基配列がよく似ている場合を相同性が高いといい，あまり似ていない場合は相同性が低いという．SRY 遺伝子がコー

コラム 7
Y 染色体はどこから来たのか

　スティーブンズにより発見されたY染色体は，X染色体から，何回かの乗換えや欠損を経て派生したものであると考えられている．

　ヒトのY染色体のサイズはおよそ25 Mbp（Mはmegaの略で100万を意味し，bpはbase pairの略で塩基対の意味）であり，塩基組成はチミンが30.35％，アデニンが29.92％，グアニンが19.91％，シトシンが19.82％と，かなりATリッチに偏っている．アンプリコン配列と呼ばれるくり返し配列が非常に多く，この配列を含む領域はキナクリンという蛍光色素でよく染まるのでキナクリン染色領域と呼ばれたり，有効な遺伝子が存在しないことから遺伝子砂漠と呼ばれたりする．

　ゲノム解析の結果，ヒトのY染色体上の遺伝子数は78，X染色体上の遺伝子数は1098と予想され，とくにY染色体は他の染色体に比べて遺伝子の密度が極端に低い．たとえば，最も遺伝子密度の高い19番染色体が1 Mbpあたり23遺伝子をもつのに対し，Y染色体には5遺伝子しか存在しない．一対の性染色体といっても，X染色体とY染色体は他の常染色体と違って大きさが異なるため，乗換えが起こりにくい．しかし，Y染色体は回文配列を多く含むため，同一染色体内部で高い頻度の遺伝子の組換えが起こったと考えられている．

ドするアミノ酸全体の数やその配列は動物種により異なるが，HMG部分の相同性は高い．またSRYの変異によるXY型の女性のほとんどは，HMG内にその変異をもつことから，HMG領域がSRYの機能発現にとって重要なことがわかる．

　SRY遺伝子が産生するタンパク質は，後述の子宮など雌性生殖器官系を形成する原基であるミュラー管の発達を抑える，ミュラー管抑制因子あるい

は抑制物質（MIS：Müllerian-inhibiting substance）をコードするDNA上の遺伝子の，プロモーターの上流領域と結合して転写を促進する．プロモーターとは遺伝子のすぐ近くに存在する特定の部位で，転写の始まりを調節する機能をもつ塩基配列である．

また，SRYタンパク質はテストステロン（男性ホルモンの一種）をエストラジオール（女性ホルモンの一種）に変換する酵素である，P450芳香化酵素（アロマターゼ）をコードする遺伝子のプロモーターの上流領域とも結合し転写を抑制する．すなわち，ミュラー管抑制因子の産生を促し，逆にエストラジオールの産生を抑制することになる．

しかし，SRYがXX型男性の約10％にはみられないことや，SRYを導入されたXXマウスに生じる精巣には精子形成がみられないことから，SRYだけでは，精巣の形成に必要な遺伝子として存在が予想されたTDF遺伝子のすべてを説明できないことが明らかになった．

SRY遺伝子は生殖腺の性が決定される時期に，XY型生殖腺内のセルトリ前駆細胞にのみ発現するので，性決定遺伝子としては好都合であった．しかし，特定の臓器，すなわち精巣が分化する時期に，精巣のみに発現するということは，これよりさらに上位の遺伝子の指令により，精巣で発現するように決められていたとも考えられる．つまりSRY遺伝子は二次調節遺伝子であり，より上位の調節遺伝子に異常が起これば，正常なSRYをもったXY個体でも，精巣の形成に失敗が起こりうるわけである．

また，SRYは哺乳類だけに存在し，他の脊椎動物ではみつかっていない．乳汁により子を育てることなどにより哺乳類に分類されていても，卵を産み，毒腺を備えている特殊な動物である単孔類カモノハシにも，SRY遺伝子はないといわれている．

3.3　哺乳類の他の性決定遺伝子群

SRY遺伝子の他に，哺乳類の生殖腺の形成と分化に関わる遺伝子として，いくつかの遺伝子が単離されている．

性染色体がXY型の女性の中に，Y染色体は正常であるが，X染色体短腕

の一部 Xp21 領域に重複がみられることが判明した．なお，染色体の短腕をp，長腕をqで表すことになっており，Xp21 とは X 染色体短腕上の21領域を表すことになる．重複領域中に存在する遺伝子の量が，後述のショウジョウバエなどの性決定にみられるバランス説のように，生殖腺原基の分化を卵巣へ誘導したと考えられることから，性決定に関与する DSS（dosage sensitive sex reversal）遺伝子の存在が想定された．1994年に先天性副腎性器症候群のヒトの X 染色体の Xp21.3 領域からみつかったのが DAX-1 遺伝子で，DSS として機能している可能性が示唆された．DAX-1 遺伝子産物は，後述の Ad4BP/SF-1 と類似したステロイドホルモン受容体ファミリーに属する核内受容体型転写因子である．

マウスの Dax-1（DSS-AHC critical region on the X chromosome）遺伝子は，雌雄共に Sry 遺伝子の発現時期と同じく，胎生 11.5 日の生殖隆起の体細胞部分に発現する．精巣では分化が進行するにつれてその発現は急速に減少するが，卵巣での発現は発生と分化の過程中ずっと続く．DAX-1 が DSS であるとすれば，雄への分化の抑制遺伝子か，あるいは卵巣決定遺伝子としてはたらくと考えられる．XY マウスに余分な Dax-1 を導入しても性転換は起こらないが，Sry 遺伝子の発現を弱めた場合には性転換が起こる．

その後の研究から Dax-1 産物は，Sry 遺伝子の発現を抑えたり，Ad4BP/SF-1 による標的遺伝子の転写を抑制したりすることが明らかになった．現在では，DAX-1 産物は卵巣分化因子というより，むしろ精巣の分化に対する抑制因子として機能していると考えられている．卵巣では，Dax-1 産物が Ad4BP/SF-1 の作用を抑制することで，ミュラー管抑制因子をコードする Mis 遺伝子の発現を抑えることが報告されている．

1992年に諸橋ら（基礎生物学研究所）により発見された Ad4BP/SF-1（Adrenal 4-Binding Protein/Steroidogenic Factor 1）は核内受容体型転写因子で，前述の生殖腺においてアンドロゲン（ステロイドホルモン類に属す男性ホルモンの総称）をエストロゲン（ステロイドホルモン類に属す女性ホルモンの総称）に変換する酵素であるアロマターゼの遺伝子発現を制御することが判明した．この因子は，DNA 結合領域に Zn フィンガード領域をもつス

テロイドホルモン受容体ファミリーに属すタンパク質類と同じ構造をもつ．

Ad4BP/SF-1遺伝子は，マウスで生殖隆起が現れる胎生9日にDax-1遺伝子とほぼ同じ部位で発現する．さらにAd4BP/SF-1遺伝子は生殖腺の雌雄化がはっきりする胎生12.5日から14.5日にかけて，精巣の体細胞成分のうちライデッヒ細胞に強く発現するようになり，卵巣での発現は低下する．この遺伝子を欠損させたマウスでは，生殖腺や副腎の形成不全が起こり，表現型は雌となる．なお，ライデッヒ細胞は間細胞とも呼ばれ，精巣の精細管の外側にあって主として男性ホルモンを産生分泌する細胞である．

Ad4BP/SF-1は，ステロイド合成酵素P450遺伝子と，ステロイド合成の制御因子であるStAR(steroidogenic acute regulatory protein)遺伝子内に結合部位をもつ．また，Ad4BP/SF-1遺伝子の発現は，ステロイド産生器官である生殖腺と副腎の形成に必須であることなどから，ステロイド産生のマスター遺伝子として機能していると考えられる．

SOX9（SRY-related HMG box-containing gene 9）は，SRYのHMGボックスと71％の相同性を有するSOXと呼ばれる遺伝子群の1つで，先天性骨奇形症候群を発症する人から取り出された．この症候群の患者は，正常なY染色体を有していても，約半数が男性から女性への性転換を示す．SOX9はSRYの下流にあって，SRY産物によってその発現を直接制御され，雄性化にはたらく遺伝子ではないかと考えられている．

マウスにおいてSox9は，Sry遺伝子と同じく10.5日の生殖腺隆起に発現するが，11.5日にはXY胎仔でのみ発現が存続し，XX胎仔には発現がみられなくなるという性差を示す．その後は体細胞のうち精巣中のセルトリ細胞内にのみ発現がみられ，卵巣での発現はみられない．なお，Sox9産物はセルトリ細胞の役割の1つとされる，精細管構造を形成するために必要な因子の産生を活性化している可能性が示唆されている．この遺伝子の異常により生殖腺の形成不全，半陰陽，骨格の形成異常が起こる．進化の過程でSRYとは異なり，よく保存されている．哺乳類ではSOX9産物が，後述のミュラー管抑制因子をコードするMIS遺伝子の転写を調節している．

ヒトで発見されたDMRT1（Doublesex and mab-3 related transcription

factor 1）は，第9染色体の短腕末端部（9p24.3）に位置する遺伝子にコードされている．この遺伝子中には，ショウジョウバエの doublesex と，センチュウの mab-3 遺伝子に共通の塩基配列であることから，両方の遺伝子の頭文字をとって名づけられた DM ドメイン（領域）があり，373 個のアミノ酸をコードしている．第9染色体のこの領域が欠落すると，XY 性転換が起こる．DMRT1 はヒトおよびマウスなどの哺乳類だけではなく，鳥類，爬虫類，両生類，魚類，ハエ，センチュウなどにも存在し，進化的によく保存された遺伝子産物である．このことは，動物の性の決定には種をこえた普遍性があることを示唆している．

　マウスにおいて Dmrt1 遺伝子は，Sry 遺伝子よりも前に雌雄の生殖隆起に発現するが，その発現は生殖腺がはっきり精巣に分化する交尾後 14.5〜15.5 日に強くなり，やがて精細管内のセルトリ細胞と生殖細胞のみに限定されるようになる．しかし，最近マウスにおいて，Dmrt1 は性分化に必須でないことが示唆されている．

　WT-1（Wilm's tumor 1）遺伝子は，小児の腎腫瘍であるウィルムス腫瘍の原因遺伝子として単離されたガン抑制遺伝子で，正常な精巣ではセルトリ細胞にのみ発現する．マウスにおいても Wt-1 遺伝子は，腎臓や生殖腺の形成に必須の転写制御因子をコードし，Sry 遺伝子を制御する上流遺伝子としてはたらいている．Wt-1 遺伝子は Sry 遺伝子の発現の誘導や，Ad4BP/SF-1 の補助因子として Mis 遺伝子の発現を促進する．Wt-1 のみを欠損させた雄マウスでは，腎臓や生殖腺の発達は早期に停止し表現型は雌になるが，生殖腺原基の精巣への分化自体には必須の遺伝子ではないと思われている．

　MIS（ミュラー管抑制物質）は TGF-β ファミリーに属す糖タンパク質で，後で述べるようにミュラー管の性に依存する分化と成長を抑制する作用を有する．MIS の過剰発現では雄マウスは雌化し，この遺伝子を欠損させたマウスでは雄性仮性半陰陽を示す．MIS 遺伝子のプロモーター領域内に保存されている Sox9 産物の結合部位に近接して，Ad4BP/SF-1 結合部位が存在する．このため Sox9 産物は，胎児精巣での Mis の発現の初期誘導に，Ad4BP/SF-1 や Wt-1 は，Mis の雄特異的な発現の増強因子としてはたらくと

■3章 遺伝子型に依存する性決定

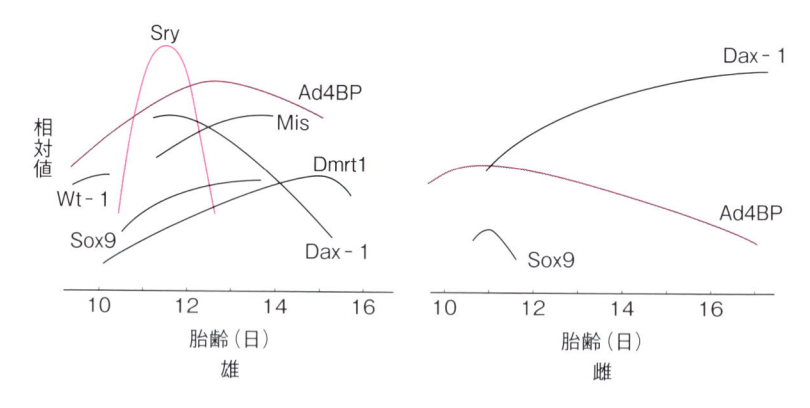

図3.3　性決定遺伝子群の発現カスケード
マウスにおける性決定遺伝子群の発現の仮想的カスケードを示した．値は相対値なのでグラフの高低に意味はないが，雄においてWt-1遺伝子が最初に発現し，ついでAd4BPとSry遺伝子が発現する．Sryなどいくつかの性決定領域が発現する遺伝子は，生殖腺原基を精巣へと分化させるが，雌においては発現しない．このためどちらかというと雌の生殖腺原基は，自律的に卵巣へ分化するらしい．なお，図中の個々の名称は，遺伝子名，遺伝子の存在する領域名，および遺伝子産物を区別せず，本文中にある略称を使用した．

考えられている．前にも述べたように，Misの発現量はまた，Ad4BP/SF-1とDax-1のバランスで制御されていると思われている．

　この他にもいくつかの性分化に関連する遺伝子が発見されている．たとえばDhh（Desert Hedgehog）遺伝子はAd4BP/SF-1遺伝子やSox9の下流に位置する雄特異的遺伝子で，ライデッヒ前駆細胞に作用して，Ad4BP/SF-1遺伝子の発現誘導を介してライデッヒ細胞の分化を促進しているらしい．

　このようにSRY遺伝子をはじめとしていくつかの遺伝子の発現とその相互作用が，生殖腺の分化とそれに続く性分化に関わっている証拠が蓄積されつつある．しかし，その作用機構はまだ十分に解明されているとはいえない．生殖腺の形成と分化に関与するこれら遺伝子産物は，ほとんどがDNA結合タンパク質としての特徴を有し，転写調節因子として機能している．生殖腺と生殖輸管系の発生分化の過程では，時間軸に添った巧妙な性決定に関与する遺伝子群の発現のカスケードが存在し，性分化を制御していると推定される（図3.3）．

3.4 哺乳類以外の脊椎動物の性決定遺伝子群

　哺乳類のSRY遺伝子以外で性決定遺伝子として2002年に同定されたのが，長濱（基礎生物学研究所）を中心としたグループと酒泉ら（新潟大学）によるメダカのDMY（Doublesex/Mab-3-domain gene on the Y chromosome）である．彼らは孵化直後の遺伝的に雄であるメダカの稚魚を調べて，分化した精巣のセルトリ細胞に特異的に発現する遺伝子を見いだした．この遺伝子は，孵化直後にアンドロゲン処理を行って，遺伝的に雌の個体を雄に性転換させた個体の精巣にも発現することから，精巣の分化に重要な役割を演じていると結論づけた．

　この性決定遺伝子は，Y染色体上のセントロメア近傍の性決定領域に存在する52個の遺伝子のうち1つである．転写因子に共通の構造に似た構造のDMドメインを有する遺伝子PG17（predicted gene 17）がY染色体特異的であることから，雄の決定に関わるのはこの遺伝子であるとしてDMYと命名した．

　遺伝子DMYの特徴は，ショウジョウバエのdoublesexとセンチュウのmab-3という性決定の中核となる遺伝子と共通のDNA結合配列をもつことである．しかし，この遺伝子DMYはメダカとその近縁種にしか分布しておらず，他の魚類の遺伝的性決定機構は依然不明である．

　SRY遺伝子とDMYの両産物は転写因子に共通の構造と似ている．しかし，SRYはHMGbox，DMYはDMdomainと呼ばれる異なるタイプのDNA結合領域をもっていることから，これらの遺伝子は異なる祖先型遺伝子より派生したものであると考えられている．現時点でXX／XY型の魚類のメダカと哺乳類においてのみ，雄の有するY染色体上に，生殖腺原基を精巣に分化誘導する強力な遺伝子の候補として，それぞれSRY遺伝子とDMYが同定されているわけである．

　魚類における他の性決定遺伝子としては，ティラピアにおいて，哺乳類のところで述べたDmrt1遺伝子が雌（XX）には発現せず，雄（XY）や性転換雄（XX）のセルトリ細胞で特異的に発現することがわかっている．ニジマ

■ 3章　遺伝子型に依存する性決定

スでも，Dmrt1遺伝子は精巣の分化が始まると発現し，その後も発現はより強くなる．しかし，精子形成が停止すると弱くなる．メダカでは雄決定遺伝子としてDMYが見つかっているのでDmrt1遺伝子は雄決定遺伝子ではなく，DMYの下流に位置することによって精巣分化に重要な役割を果たしていると考えられている．

　両生類の性決定および性分化に関しての遺伝子レベルでの研究は，中村ら（早稲田大学）を中心とするグループによりカエルを用いて行われている．ツチガエルにおいては，哺乳類と異なり性分化過程でAd4BP/SF-1遺伝子の発現パターンに雌雄の差異はないが，Sox9とDax1遺伝子の発現が性分化の後に雄で強くなるという．

　ツチガエルにおいては，その発生過程でDmrt1産物が精巣内の精原細胞に，変態完了期あたりから発現し，成体になっても強い発現を持続するという．XY型のツチガエルのオタマジャクシの腹腔内にテストステロンを投与して雄化させた性転換雄（XX）と，正常な雌（XX）を交配すれば，すべてが雌のオタマジャクシを得ることができる．この雌のオタマジャクシを使用してテストステロンを投与すると，卵巣内の卵細胞が消失し，やがて精巣構造を呈するようになるが，Dmrt1遺伝子はテストステロンの投与からかなり遅れて発現することがわかった．このことから中村らは，両生類ではDmrt1が性の決定そのものに関わっているというより，性分化の過程で精巣の分化に深く関わっていると結論づけている．

　爬虫類のアメリカアリゲーターでは，Ad4BP/SF-1が性決定前の未分化生殖腺に雌雄の差なく発現する．しかし，未分化生殖腺が精巣に分化するとAd4BP/SF-1の発現は低下し，分化後に再び雌雄ともに発現するという．この発現パターンは哺乳類とは異なり，ニワトリと同じである．

　また，アメリカアリゲーターにおいてSox9は，精巣が分化する時期に精細管で発現し，雌には発現しない．しかし，哺乳類と異なり，Mis遺伝子がSox9に先立ち雄の生殖腺に発現することから，ワニではMisの転写調節因子は遺伝子Sox9の産物ではない．オリーブヒメウミガメでは，Sox9は雌雄ともに生殖腺の分化が始まる時期に発現するという．

3.4 哺乳類以外の脊椎動物の性決定遺伝子群

　アカミミガメは後で述べるように温度依存性の性決定機構をもっており，卵を26℃で保育すると未分化生殖腺は精巣になり，32℃では卵巣になる．Dmrt1遺伝子の発現は26℃で強く，32℃で弱いことから，爬虫類でもDmrt1が未分化生殖腺の雄化に深く関わっているらしい．

　WT-1遺伝子は，アメリカアリゲーターとオリーブヒメウミガメで生殖腺が分化する時期に発現するが，その発現パターンに雌雄差はみられない．また，Dax-1遺伝子の発現にも雌雄差はないと，オリーブヒメウミガメで報告されている．

　鳥類のニワトリでは，特異的な性決定遺伝子は発見されていない．しかし，Dmrt1遺伝子がZ染色体上にあり，雌雄の生殖隆起に発現するが，その発現は雌より雄で強く，その後の性分化の開始と共に発現がさらに強くなり精巣特異的となる．このことから，Dmrt1遺伝子がニワトリの性決定遺伝子ではないかと考えられている．

　精巣の形成を決定するSRY遺伝子が発見されて以来，脊椎動物の性決定および性分化に関わる多くの遺伝子が見つかってきた．しかし，それらの遺伝子が性決定および性分化の発現カスケードのどこに位置し，どのような相互関係にあるかはっきりしていない．脊椎動物で発見された精巣決定遺伝子は哺乳類のSry遺伝子と魚類（メダカ）のDMYだけであるが，哺乳類に存在する性分化関連遺伝子と類似の遺伝子が魚類，両生類，爬虫類，および鳥類にも存在することから，脊椎動物の性分化にはかなり共通の部分があることが示唆される．それは脊椎動物間の生殖腺の形態形成過程が，互いに似ていることからも支持されている．

　しかし，性分化に関わる遺伝子がすべての動物でまったく同じ役割を果たしているというわけではなく，むしろ各々の遺伝子が動物によってさまざまな役割を果たしながら，生殖腺の形成に関与してきたのではないかと思われる．

　一方で雌を決める遺伝子の研究はそれほど多くはない．これは性染色体構成がXY型の動物での研究が先行し，そこでは雄を決めることがより重要で，雄にならなければ自動的に雌になるという事実を反映していると思われる．

最近，ZZ／ZW 型の性決定機構をもつアフリカツメガエルから，雌を決める，すなわち卵巣の形成に重要な役割を有していると考えられる性決定遺伝子の1つとして，DM-W 遺伝子を単離したと報告された．DM-W 遺伝子は DMRT1 遺伝子が重複し変化した遺伝子で，未分化生殖腺を卵巣へ分化するように誘導し，雌への性分化を決定する遺伝子であるとされる．DM-W 遺伝子は雌の W 染色体に特異的な遺伝子で，Dmrt1 遺伝子と共に性決定時期に未分化生殖腺に発現する．とくに DM-W 遺伝子は性決定期に一過性に発現し，精巣の形成に関与する Dmrt1 遺伝子の転写活性を抑制することで精巣形成を阻害し，卵巣の形成を促すのではないかと考えられている．

3.5　無脊椎動物の性決定遺伝子

　脊椎動物以外の動物として，性決定機構の解明に関する研究が盛んなものはセンチュウとショウジョウバエであろう．遺伝学は 20 世紀の前半に，モーガンによるショウジョウバエの眼の色の遺伝様式の研究によって目覚しい発展をとげ，現代における DNA や遺伝子の理解につながる学問分野となった．

　ショウジョウバエの性決定に関する研究は，モーガンの弟子の一人であるブリッジスにより 1916 年から 1932 年にかけて，性染色体不分離現象や三倍体間性の発見，およびバランス説の提唱などの研究成果が発表されてから盛んになった．ショウジョウバエの体細胞には 8 本の染色体があり，XX／XY 型の性染色体構成をとっている．性染色体や常染色体の倍数性の異常を含めて，染色体構成を $nXmYkA$（A は常染色体）と書き表すのが普通である．そこで正常な雌のショウジョウバエの体細胞の染色体構成は 2X2A，雄の染色体構成は XY2A と表すことになる．

　野生型のショウジョウバエの目の色は赤色であるが，X 染色体上に劣性眼色突然変異（vermillion）と呼ばれる眼の色が朱色になる遺伝子座があることが知られていた．ブリッジスは眼の色が朱色の雌（劣性ホモ）と赤眼の雄を用いて交配実験を行っているときに，本来ならば生まれる雌はすべて赤色の眼で，雄はすべて朱色の眼であるはずが，まれには朱色眼の雌や赤眼の雄が生まれることに気づいた．このような現象が起こる原因は，X 染色体の不

分離が起こり，XO（女性のターナー症候群に相当する）あるいはXXY（男性のクラインフェルター症候群に相当する）といった性染色体の組合せをもつ個体が生じるためであることを確かめた．これを性染色体不分離現象という．

ショウジョウバエでは，XO型の個体の表現型は哺乳類と異なり雄で，精巣中の精子は運動能をもたないので生殖能力がない．XXY型の個体も哺乳類と異なり表現型は雌で生殖能力を有する．一般に雌の卵巣中では，生殖細胞の減数分裂の際に約2000分の1程度の割合でX染色体の不分離が起こり，その結果XX卵とO卵が生じる．このような卵が，雄からのX精子と受精するとXXX個体とXO個体が，Y精子と受精するとXXY個体とYO個体が生まれることになる．ショウジョウバエではXXX個体の生存率は低いが雌，XO個体は雄，XXY個体は雌，YO個体は発生途中で死亡し生まれてこない．この事実から，Y染色体は性の決定に関与していないのではないかということに気づいた．

さらにブリッジスは，n, m, kのさまざまな組合せをもつ個体についての性表現型の解析を行い，Y染色体の有無にかかわらず，XXX2A, XXX3A, XX2Aのように$n/k \geq 1$であれば表現型は雌，X2A, X3Aなど$n/k \leq 0.5$であれば表現型は雄になること，また，XX3A（n/k比は0.67）などのように$0.5 \leq n/k \leq 1$であれば，間性になることを確かめた．そこで彼は，ショウジョウバエの性の決定は常染色体の組数とX染色体の本数の比で決まり，Y染色体の存在は性決定に関与しないと結論づけた．この性決定機構は，遺伝子量均衡による性決定機構あるいはバランス説と呼ばれる．

バランス説では多数の雌決定遺伝子がX染色体上にあり，常染色体には多数の雄決定遺伝子があると考える．ただし，性染色体構成がXO型の個体の表現型は雄ではあるが，精子の形成はみられないところから，Y染色体が精子形成など正常な雄としての発育に何らかの役割をもっていると考えられている．

哺乳類においては，後に述べるように性が決定してからの性分化は，性ホルモンによって決められる．しかし，ショウジョウバエにおいては，哺乳類

のように性に関連する器官の分化を左右する性ホルモンがないので，個々の体細胞は n/k 比に従い自立的に性形質を表現するという特徴がある．すなわちショウジョウバエでは，第一次性決定は遺伝的（n/k 比）に決定され，第二次性決定は生殖腺の性に関係なく，体細胞性決定として別の遺伝子機構で決定される．たとえば二倍体のショウジョウバエにおいて，XX（雌）細胞群とXO（雄）細胞群が1つの個体に混在した場合，腹部や生殖器などの形態が前者においては雌形質を，後者においては雄形質を発現して雌雄モザイクを生じる．

ドブザンスキーとシュルツは，ブリッジスの発見した三倍体間性（XX3A）が，雌雄の形質の入り混じった個体であることに着目し，X染色体の一部分が変異した個体を利用し，X染色体の長さに比例してより雌的な間性になったり，より雄的な間性になったりすることを確かめた．この結果は，多数の雌決定遺伝子がX染色体上に均一に分布するというバランス説を支持するが，多数の雄決定遺伝子が常染色体上に分布しているという考えを支持するには至らなかった．

その後，ショウジョウバエでは性決定や性分化に関与する多数の遺伝子群が同定されてきた．性決定に関与する遺伝子カスケードでは，X染色体上に存在する遺伝子 Sex-lethal（*Sxl*）が上位に位置する重要な遺伝子であり，その他に性決定に対して変更作用をもつ遺伝子 transformer（*tra*），外部形態の性を支配する遺伝子 double sex（*dsx*），母性効果遺伝子 daughterless（*da*），X染色体上にあってX染色体数を感知する遺伝子 sisterless（*sis-a*, *sis-b*）などがあることが判明した．

性の決定とは，個体のもつ雌決定遺伝子あるいは雄決定遺伝子のどちらかが発現することであるが，ショウジョウバエでは前述したように n/k 比というシグナルによって一連の性決定遺伝子の活性が調節される．まずはじめに性の決定に関与する遺伝子 *Sxl* の発現は，胚発生の初期に n/k 比によって直接的に制御される．しかし，*Sxl* の発現は，母性効果遺伝子 *da* とX染色体の数を感知する遺伝子 *sis-a* が機能して産生する物質の存在下で起こるらしく，$n/k = 1.0$ のとき，すなわち雌に分化する場合には転写が活性化さ

3.5 無脊椎動物の性決定遺伝子

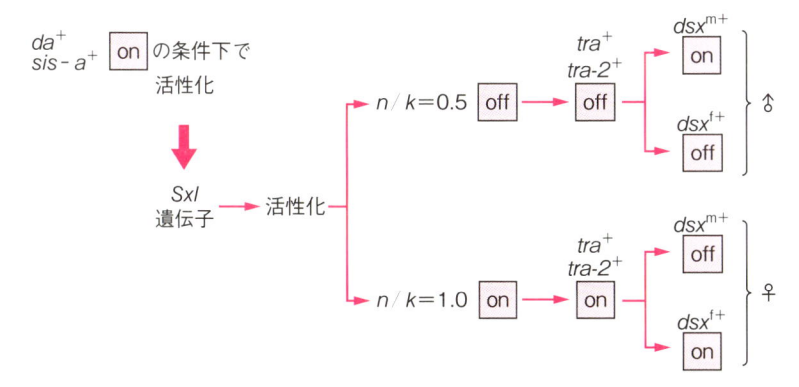

図3.4 ショウジョウバエの性決定遺伝子
ショウジョウバエではX染色体の数と常染色体の数の比によって性が決定される，遺伝子量均衡の決定機構をもっている．また，ショウジョウバエでは，脊椎動物にみられる性分化を左右する性ホルモンのような因子がないので，生殖腺の性とは関係なく，個々の体細胞が雌雄の性差を発現する．このため1匹の個体において，一部の器官は雄型，ほかの器官は雌型を示すことがある．*da*：母性効果遺伝子，*sis*：sisterless 遺伝子，*Sxl*：Sex-lethal，*tra*：transformer 遺伝子，*dsx*：double sex 遺伝子，m：male，f：female．

れた on の状態となり，$n/k = 0.5$ のとき，すなわち雄に分化する場合には転写が抑制された状態の off になる（図3.4）．

遺伝子 *Sxl* によって支配される遺伝子である *tra*（transformer1），*tra-2*（transformer2），*dsx*（double sex）は，もはや遺伝子量補正機構とは関係しないため，これら遺伝子の突然変異は単に性変更をもたらすだけである．*tra* および *tra-2* は共に遺伝子 *Sxl* の産物によって活性化されるので，雌でのみ発現する．一方，その機能を失った突然変異は，いずれも雌のみに作用し性を雄に変更させる．*tra* の影響を直接受ける体細胞の性的二型性と，受けない生殖細胞とは異なる遺伝子の支配下にあることになる．

一連の性決定遺伝子の最後は遺伝子 *dsx* で，特殊なダブルスイッチになっている．スイッチは雄様式（*dsx*$^{m+}$），雌様式（*dsx*$^{f+}$）からなり，その発現は *Sxl*，*tra*，*tra-2* の発現が off の雄の場合には雄様式の *dsx*^{m} が on，雌様式の *dsx*^{f} が off の状態になっている．逆に *Sxl*，*tra*，*tra-2* 遺伝子の発現がいずれも on である雌では，雄様式が off，雌様式が on とスイッチが切り替わる．

■ 3章　遺伝子型に依存する性決定

　このようにショウジョウバエでは，X染色体と常染色体の数の比が性の決定の方向を指示し，性決定のマスター遺伝子 *Sxl* の発現が変化し，続くいくつかの遺伝子のはたらきによって体細胞の性特異的な形質が現れる(図 3.4).

　線形動物のセンチュウの C. エレガンス（*Caenorhabditis elegans*）は XO 型の性染色体構成をもち，ショウジョウバエと同じ遺伝子量均衡型の性決定機構を示す．このセンチュウは，ほとんどの個体が XX 型の性染色体をもつ雌雄同体であるが，ときおり XO 型の性染色体をもつ雄個体が生じる．雌雄同体の成虫の体細胞数は 959 個であり，幼虫期に 300 個弱の精子をつくる．成虫になると卵を形成し，貯蔵しておいた精子を使って自家受精を行う．1 個体の産卵数は 300 弱で，その中に雄の個体が約 0.1％程度の割合で現れる．センチュウでは，性決定に関与する遺伝子として *mab-3* がみつかっている．

　このように性決定遺伝子の研究はまだまだ充分とはいえないが，着実に進展している．単細胞生物から多細胞生物への進化の過程を示唆しているとされるボルボックス目のプレオドリナの一種から，雄に特異的な遺伝子（PlestMID）が野崎ら（東京大学）により 2006 年に単離された．

　遺伝子 MID（minus dominance）は性特異的な遺伝子で，同形配偶子の接合による有性生殖を行うクラミドモナスで，性の決定に関与する遺伝子として知られていた．クラミドモナスの異なる性を便宜的にプラスとマイナスで表すと，通常はプラスとマイナスの配偶子が接合する．しかし，マイナスの突然変異体の中には，プラスの性の行動を示し，野生型のマイナスと接合するものがある．この原因は 1 つの遺伝子の欠損であることが明らかになり，その遺伝子が MID と名づけられた．マイナスの交配型を決めている MID 遺伝子が欠損することで，交配型がプラスへの転換を起こす．このためクラミドモナスの交配型の基本はプラスであり，MID 遺伝子が加わったことによりマイナスになると考えられている．

3.6　ヒトの生殖腺の発生と分化

　ヒトなど哺乳類の生殖腺は主として生殖細胞，皮質および髄質と呼ばれる 3 つの要素からできている．哺乳類における生殖腺の発生と分化の過程は形

3.6 ヒトの生殖腺の発生と分化

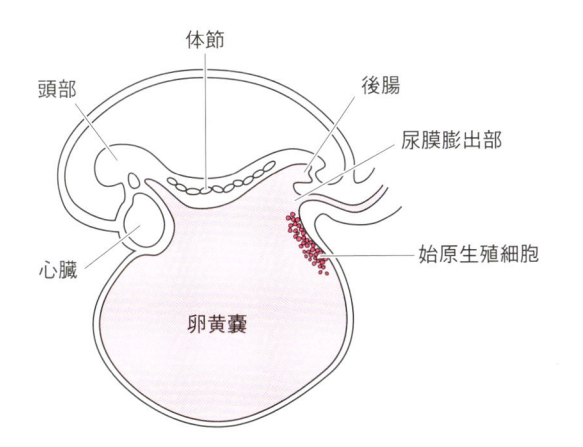

図 3.5 始原生殖細胞の起源
ヒトの卵や精子となる始原生殖細胞は，将来卵巣や精巣に分化する生殖腺原基内でつくられるわけではなく，卵黄嚢の尿膜膨出部付近の体細胞から分化してくる．分化した始原生殖細胞は細胞分裂をくり返し，数を増しながら，アメーバ様の運動により生殖腺原基が形成される腹腔部まで移動してきて，生殖腺原基のなかに入り込む．

態学的にいくつかに分けられる．はじめは生殖腺としては未分化な時期で，ヒトでは胎生 3〜4 週，マウスでは胎生 8 日にあたる．この時期に将来は配偶子，すなわち卵や精子となる始原生殖細胞群が，内胚葉性胚体外膜の腹側にある卵黄嚢の尿膜膨出部に近い壁の体細胞から分化してくる（図 3.5）．

この始原生殖細胞は胎生 5 週ごろに後腸壁へ移動し，次いで背側腸間膜に沿ってアメーバ様の運動により，生殖腺の原基が形成される部位に移動してくる．始原生殖細胞は，移動中に細胞分裂をくり返してその数を増しながら，胎生 6 週までには生殖腺原基が形成される場所への移動を完了する．

一方で生殖腺自体の発生は，雌雄共に胎生 4 週の末に，胎児の原始腹腔に面した上皮と内側の結合組織が体腔背壁より体腔内へ隆起することから始まる．生殖腺原基の隆起は，体腔上皮細胞の下層にある中腎由来の組織の増殖と肥厚によるもので，生殖隆起あるいは生殖堤と呼ばれる．次いで体腔上皮下の中腎由来の組織は，ヒトの指のような形を形成しながら増殖し，隆起部

■ 3章　遺伝子型に依存する性決定

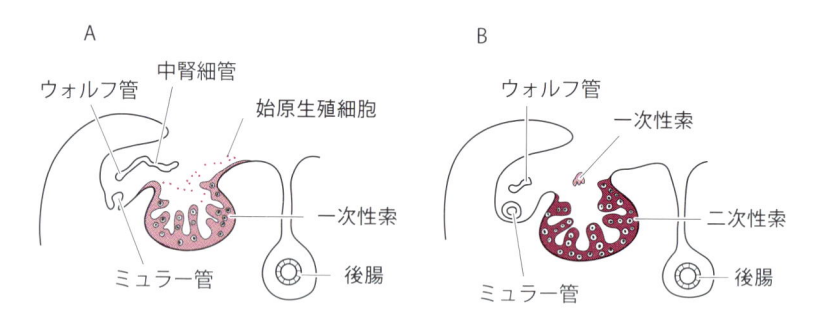

図 3.6　生殖腺原基の精巣と卵巣への分化
A：生殖腺原基が精巣に分化する場合は，移動してきた始原生殖細胞を取り込んだ一次性索が形成され，増殖しながら精細管となる．
B：生殖腺原基が卵巣となる場合は，精巣と同様に形成された一次性索が退化して，残った細胞群から二次性索が形成される．二次性索は始原生殖細胞を取り込みながら増殖を続け，やがて索状構造が分断されて，原始卵胞が形成され卵巣となる．

の内側に侵入して，無数の一次性索（細胞索あるいは髄質索）を形成する（図3.6A）．生殖腺原基が形成される場所に移動してきた始原生殖細胞は，胎生6週頃までに性索の中に取り込まれ定着する．この時期までの生殖腺原基は，雌雄共に同じ形態をとって分化し，性差のみられない未分化な時期である．

続いては生殖腺原基が性的な分化を開始する時期で，精巣の分化は胎生7週から始まる．一方，卵巣への分化は一足遅く，胎生10週になり特徴的な形態をとり始める．精巣が形成される場合は，出現した一次性索が胎生8週まで増殖を続け，結合組織（間充織）の内深くまで伸長し，その中心部で精巣網を形成する．精巣を構成する1つの要素であるセルトリ細胞も，一次性索の未分化細胞より分化してくる．

また，間充織からは結合組織性の白膜や中隔，精細管の間を埋めるライデッヒ細胞（間細胞）が生じる．やがて一次性索は，生殖隆起の表層下に形成された白膜によって生殖隆起表層との連絡を絶たれ，始原生殖細胞を保持したまま管状となり後に精細管を形成する．

一方，遺伝的な性によって卵巣となる生殖腺原基も，一次性索の形成までは精巣の分化と同じ過程をたどる．生殖腺の分化の初期過程では著しい雌雄の差がないことから，原基は性的両能性をもっていることがわかる．しかし，

卵巣となる運命の原基では，一度増殖した一次性索がやがて退化し，残っていた細胞群が分裂し増殖を再開して，再び内側に侵入するような形で二次性索（卵巣皮索あるいは皮質索）を形成する（図 3.6B）．

二次性索は始原生殖細胞を中に取り込みながら索状に増殖を続け，卵巣全体を占めるようになるが，やがて胎生 16 週頃から索状構造の分断が始まる．始原生殖細胞は明るい大型の卵母細胞となり，その周囲を，二次性索を形成した細胞群から分化した卵胞細胞が取り囲み，原始卵胞という形態をとる．

すなわち始原生殖細胞は，遺伝的な性決定に従い雄では一次性索と共に精巣に定着して精子となり，雌では二次性索と共に卵巣に定着して卵子となる．ともかく，ここまでは性染色体すなわち性決定遺伝子群のはたらきが支配する世界である．

4章　各種の因子による性の決定

　胚の時期あるいは幼生の時代に過ごす外部の環境によって，雄として生まれるか，雌として生まれるかが決まる場合は，環境による性決定として分類される．しかし，これらの動物の性分化が，完全に環境のみに依存して決定されるかというとそうでもない．また，環境がその動物にとって一番適切な場合には，雌雄半分ずつ生まれるとしたら，これはやはり遺伝的な性の決定がはたらいている結果であり，環境要因は単にその決定を変更することのできる力をもっていると考えるべきである．
　まず，環境によって性の決定がなされる不思議な例をいくつかをみて，性の決定に対する認識を少し変えてみよう．

4.1　栄養による性の決定

　線形動物といわれる仲間に属するセンチュウの多くは，幼生の時代に宿主である他の動物や植物に侵入する．主として植物に寄生するある種のシストセンチュウは，宿主が大きく，かつ寄生した個体数が少なく寄生率が低い状態にある場合には，宿主から出てくる成虫のほとんどが雌である．小さな宿主に多くの幼生が寄生したため，寄生率が高くなってしまった場合には，逆にほとんど雄が生まれてくる．
　どの個体がどのような宿主に侵入するかは偶然に左右されるはずであるから，高密度に混み合うことによって性決定機構が影響を受けたと考えられる．個々の個体の分泌する物質が性の決定に関与しているともいわれるが，それも成虫になるまでに入手可能な餌の量，すなわち将来期待できる成長の度合いを見越した性の決定が行われたと考えることに支障はない．性差のところで述べたように，大きな配偶子である卵を生産する個体，すなわち雌の体格は大きいほうが生態学的に有利と考えられているからである．

4.1 栄養による性の決定

　ハチ目およびその他のいくつかの動物では，未受精卵から雄が生まれる．このため雄は雌の半分の数の染色体しかもたないことになる．これは後に述べるように半倍数性の性決定様式と呼ばれる．

　半数体（一倍体）と呼ばれる1組の染色体群しかもたず，半倍数性の性決定を行う動物においては，雌がその子の性や性比を容易に調節できるという特徴がある．寄生バチの雌は，さまざまな大きさの宿主が与えられると，より大きい宿主に二倍体の卵つまり雌になる卵を産み，小さい宿主に半数体の卵つまり雄になる卵を産み付ける．

　たとえばチョウ目の昆虫の蛹を攻撃するある種のヒメバチの雌に，大きいスズメガの蛹と小さいシロチョウの蛹を混ぜて与えると，スズメガの蛹には雌卵を，シロチョウの蛹には雄卵を産みつける．寄生バチの成虫は，雌が雄よりずっと大きいのが普通なので，この様式の産卵行動は，雌雄の幼虫の成長にとって必要となる栄養量の違いと，将来手に入る可能性のある宿主のサイズとを考慮した結果と考えられている．

　ヒラタヒメバチの雌は，過去の経験にもとづいて雄と雌の産み分けを決定し，宿主が比較的大きければ雌卵を産み続ける．しかし，時間が経つに連れて，たとえ宿主の大きさが変わらなくても，産み付けられた卵の性比は雄に偏ってくる．このような性比の修正は，半倍数性という性決定機構によって親が調整できるからこそ可能なのである（図4.1）．

図4.1　マイマイガの幼虫に産卵された寄生バチの卵
寄生バチの幼虫は孵化すると，宿主のマイマイガの幼虫を餌に成長していく．1匹のマイマイガ幼虫に産みつけられた卵の数が多く，寄生率が高ければ雄が，卵の数が少なく寄生率が低ければ雌が生まれる確率が高くなる．この結果，雄より雌が大きなからだをもつようになる．

4.2　温度による性の決定

　多くの魚類において，高温条件での飼育により性転換することが知られている．前にも述べたカダヤシ目キプリノドント科のマングローブキリーフィッシュは，卵巣と精巣が同時に成熟し，さらに自家受精を行う特殊な魚である．この魚を 25℃の実験室内で飼育すると，ほとんどの個体が同時的雌雄同体となる．しかし，この雌雄同体魚から得た受精卵を孵化直前のごく短時間のみ 20℃近くの低水温で飼育すると，雄として分化した個体が生まれてくる．このことから性分化の方向が，特定の発生段階における水温環境によって左右されることは明らかである．また，孵化したての時期に水温 30℃で飼育した後，水温を 25℃に下げて飼育しても，雌雄同体から雄へと転換する個体が高率で出現するという．

　トウゴロウイワシ目トウゴロウイワシ科のペヘレイでは，水温 17℃で飼育すると全個体が雌化するが，水温の上昇につれて雄の比率が高まり，水温 24℃では 50 〜 70％が雄となり，29℃では全個体が雄化するという．

　また，普通は遺伝的な性決定を行っているヒラメでも，水温 20℃以下の飼育条件下では雌の個体が多く生まれ，水温が上昇するに従って性比が雄に偏ることが知られている．

　ゼブラフィッシュにおいては，発生の初期，すべての個体の生殖腺内にある始原生殖細胞の多くが卵母細胞へ分化する．孵化して 3 週後に生殖腺の性分化が始まり，雌では卵母細胞が充実して卵巣に発達するが，雄では卵母細胞がアポトーシスによって消失したのち，精母細胞が発達して精巣が形成される．この性分化が起こる時期に高水温で飼育すると，雄化が誘導される．この事実から，性分化が起こる時期の高温ストレスが生殖細胞あるいは体細胞のアポトーシスを過剰に誘導するため，卵母細胞が消失して卵巣の形成が阻害されると考えられる．その結果としてエストロゲンの合成が減少するので，分化の方向が精巣形成に向かうものと推定されている．

　地球温暖化に伴って海水温の上昇が予測されている．高水温によって性分化に異常が起こる可能性が考えられ，雌雄の性比が異常となり水産資源への

コラム 8
人柱となる細胞たち

　発生の過程では，さまざまな器官を形成するために，多くの組織で体細胞分裂が盛んに行われ，細胞数は増えていく．当然ながら一方で死んでしまう細胞がある．細胞が，何か障害をうけて死亡するのではなく，あらかじめ決められた場所で，予定された時期に死亡する場合がある．この特殊な細胞死をアポトーシス（プログラム細胞死）といい，一定の形態をつくるために必要な現象なのである．
　たとえばニワトリとアヒルの後肢の形成をみてみると，分化の初期には，それぞれの指は分かれておらず，細胞の塊といったほうがよい形態である．しかし，やがてニワトリでは将来の指と指の間の細胞群がアポトーシスにより失われて，指が1本1本離れてくる．一方，アヒルではその部分のアポトーシスがあまり起こらず，そのため指と指の間にみずかきができてくる．目が形成されるときにも，レンズを覆う上皮の特定な場所の細胞群にアポトーシスが起こり，目が開くことになる．
　前に述べた始原生殖細胞は，生殖隆起への移動中に分裂をくり返し，多数の卵母あるいは精母細胞が形成される．胎生5か月を過ぎると細胞分裂は停止する．このとき，卵母細胞はおよそ700万個あるといわれるが，やがて減数分裂の前期へと進む過程で，アポトーシスにより出生時には200万個にまで減少する．さらに卵母細胞は45歳になると約1万個ほどになってしまう．実際に排卵されるのは500個前後であるから，おびただしい数の卵細胞がアポトーシスにより失われる．

■ 4章　各種の因子による性の決定

影響が懸念されるところである．

　両生類では一般的に遺伝的な性決定が行われるが，温度に依存して性が決まる種も多い．有尾類ではヨーロッパ産クシイモリ（XY型）の幼生を18〜24℃の自然条件で飼育すると，性比は1:1となる．このことから通常は，遺伝的な性の決定が行われていると思われる．しかし，このイモリの幼生を高水温（28〜31℃）で飼育すると，雄として分化する個体が全体の70％近くに上昇する．また，水温14〜26℃で半年ほど飼育したときの変態時の性比は1:1であるが，受精したての卵を10か月ほど13℃の低水温で飼育すると，孵化した個体の80％近くが雌になるという．

　ZW型の性染色体構成をもつヨーロッパ産のイベリアトゲイモリも，胚を30〜31℃で飼育すると，雌を雄に性転換させることができる．エゾサンショウウオの胚も高温で飼育されると性比は雄に偏るという．

　脊椎動物の性決定機構において，温度変化が影響を与えるという最初の報告は，無尾類のカナダアカガエルのオタマジャクシを高温（32℃）で飼育すると，性比が雄に偏るという発見であった．ヨーロッパヒキガエルのオタマジャクシを使った実験では，10℃で飼育するとすべて雌に，15℃だとすべて雌雄同体，20℃だと雌雄それぞれ50％ずつ，27℃で飼育すればすべて雄になったと報告されている．

　このように両生類では，胚を自然状態で飼育した場合の性比は1:1であるが，温度を実験的に上下してやると性比が変わる種が多い．すなわち，両生類の多くは温度依存性の性決定機構は備えているが，本質的には遺伝的性決定を行っていると考えられる．

　爬虫類でも温度依存性の性決定がみられる．西アフリカに棲むアガマ科のヒゲトカゲで，孵卵中の温度によって幼生の性比が変わると，1966年に報告されたのが最初である．このような温度依存性の性決定は，ワニなどの大型の爬虫類にもみられる．

　北米に棲むアメリカアリゲーターの生態を調べた結果，堤防の乾燥した地域の巣（巣温34〜35℃）からはほとんど雄の個体が生まれ，沼地の湿気の高い巣（巣温29〜30℃）から生まれた個体はほとんど雌であった．沼

地ではあるが周囲より少し高い場所にあり，比較的乾燥した巣（巣温 31 〜 34℃）から生まれた個体の性比は，雄と雌が 5：1 の割合であった．

　アメリカアリゲーターにおいては，低い温度で発生する雌の子は雄の子より著しく体重が重い．これは代謝されずに残った卵黄が多いため，そのため孵化後に雌は早く大きく成長することができる．性的にも早く成熟するワ

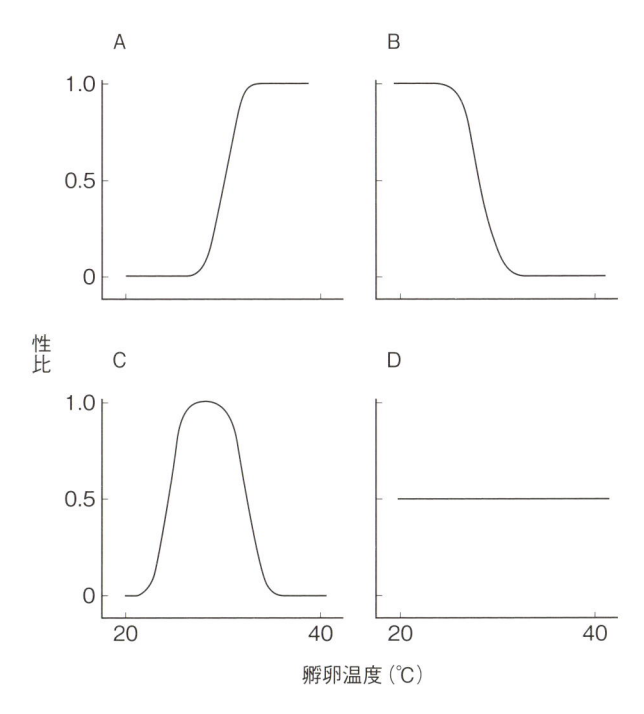

図 4.2　爬虫類の温度依存性決定
爬虫類における孵卵温度による性の転換を模式的に表すグラフで，性比は雄が 100％のとき縦軸の値は 1.0，雌が 100％のとき縦軸の値は 0 となるように描いてある．
A：高温条件では 100％が雄になる種．
B：高温条件では 100％が雌になる種．
C：高温と低温，両端で 100％が雌となり，中間の温度では雄が 100％となる種（これとは逆に両端で雄が 100％，中央で雌が 100％という種もある）．
D：温度に対しての依存性がなく，遺伝的な性の決定によるため，常に雌雄の比が 1：1 となる種．

■ 4章　各種の因子による性の決定

ニ類において，低温で雌が多く発生し，より大きくなる選択は有利であると考えられている．

なお，雄のアメリカアリゲーターでは，前にも述べたようにステロイド合成酵素遺伝子の転写を調節する Ad4BP/SF-1 遺伝子が性決定の前から発現し，ステロイドホルモンが合成される．未分化生殖腺において，温度によって性の決定に変更が起こりうる時期には，Ad4BP/SF-1 遺伝子の発現の程度に性差がみられず，生殖腺が分化してくると精巣での発現が低下する．しかし，性分化に対する生殖腺の温度感受性がなくなった後に，それは再び雌雄の差なく強く発現するという．このことから生殖腺の性分化に対する温度の影響と，ステロイドホルモンの性分化に対する作用との間の相互関係には，それほど重要な意味がないと考えられている．

温度に対する性決定の反応が反対になる例として，ヌマガメ，リクガメ，ウミガメなどは，低い温度で発生が進めば雄となり，高い温度では雌になることが分かっている．たとえばアカミミガメの卵を 26℃で保育すると，未分化生殖腺は精巣になり，32℃では卵巣になる（図 4.2）．

すなわち爬虫類では，多くの種で発生時の温度，湿度などの環境条件が性の決定に関与しているわけである．このような場合には受精したときから，ある時期まで性は未分化な状態にあり，雌雄どちらにもなれる能力を備えていたはずである．

無論，爬虫類において温度に関係なく，遺伝子による性決定を行っている種も多い．

4.3　社会的生活様式による性の決定

脊椎動物の硬骨魚類を代表するスズキ目に属する魚類に，以下のような例がある．紅海の珊瑚礁などに棲んでいるハタ科のキンギョハナダイは，雄が雌に比べて体も大きく，背びれに棘があり，斑点模様など体色も派手である．この魚を 1 匹の雄と 20 匹の雌の集団として水槽で飼育すると，仲良く暮らしている．ところが，水槽からその 1 匹の雄を取り除き雌のみの集団とし飼育すると，約 2 週間後に雌の中で一番大きく，社会的順位が第一の雌個体が

4.3 社会的生活様式による性の決定

雄に性転換する．そこで再び，その性転換した雄を取り除くと，2 週間後に残りの 19 匹の中から次に大きかった 1 匹の雌が雄に性転換する．これをくり返すと最後の数匹になるまで，群れの中で一番大きかった個体が順々と雄に性転換することがわかった．

しかし，1 匹の雄を入れた透明な水槽と雌だけを入れた透明な水槽を並べて，お互いが見える状態にして飼育すると，雌の群れの中から雄に性転換を起こす個体は出なかった．すなわち，雌から雄への性転換は，視覚による異性の認知を通して制御されているわけである．

フィリピン群島に棲む野生のキンギョハナダイは，数十匹の雄と数百匹の雌よりなる群れを形成する．この群れから雄を取り去ると，ほぼ同数の雌が性転換すること，雌に順位があり，性転換するのはより大型の雌であるこ

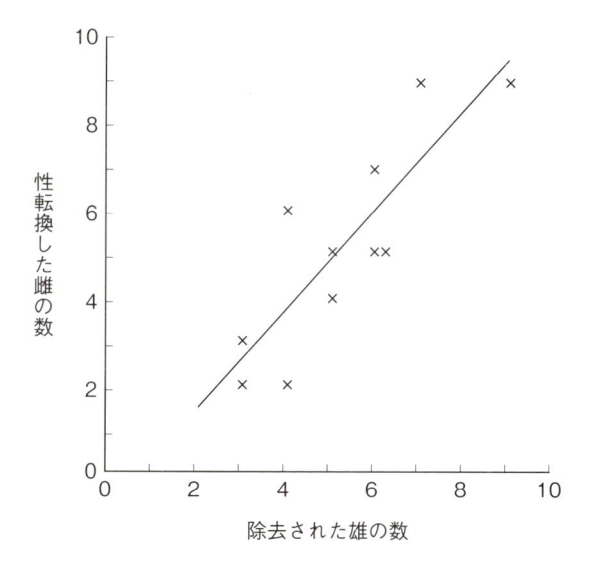

図 4.3 キンギョハナダイの性転換

キンギョハナダイは数十匹の雄と数百匹の雌よりなる集団生活をしている．この図は集団から 3 匹の雄を取ってしまうと，雌の群れの中の大きな 2 匹，あるいは 3 匹が雄になること，以下同様に除去された雄の数が増えれば，それに相当する数の雌が雄に性転換することを示している．雄のキンギョハナダイは激しい闘争性をもつので，大きく強い個体のみが雄になれると考えられる．

4章　各種の因子による性の決定

となどの事実が明らかになっている（図 4.3）．雄のキンギョハナダイは激しい闘争性をもつので，雄は少数の方がよく，攻撃行動が性転換する個体数の調節に作用していると考えられ，攻撃行動順位説が提唱されている．

　ホンソメワケベラもハーレム型の一夫多妻の集団を構成していて，グループ内で最も優位な雄が雌を独占できる．この例も，グループ内に雄がいなくなれば，残った雌の中で最も大きく優位な個体が雄に性転換する．しかし，ホンソメワケベラは雌性先熟の性転換しか行わないわけではなく，逆方向の性転換もするようである．すなわち，一度優位になり雄として機能していた個体が，何らかの原因で劣位になった場合には，再び雌への性転換を起こすらしい．

　なお，ハゼ科のダルマハゼ，オキナワベニハゼなど一部の魚類でも，両方向に性を変えることができるものが知られており，これらの種ではホンソメワケベラと同様に，一度優位になり雄に性転換した個体が，劣位になった場合は再び雌へと性転換する．

　前にも述べたようにクロダイやクマノミのような闘争性のない魚類は，雄性先熟タイプのものが多い．まず精巣が成熟し，産卵期が終了すると退縮した精巣に代わって卵巣が成熟し，雌性となる．クマノミの場合は前にも述べたように，普通 1 尾の大型成熟雌と 1 尾の小型成熟雄，それに数尾の未成熟魚雄と幼魚の集団をつくっている．この集団から雌がいなくなると，成熟雄が性転換を開始し 2 か月ほどで完全な雌になるという．

　このような魚類においては，生まれたときに確固たる性の決定がなされていたとは言い難い．なお，上記の例で闘争性の高い魚類では，雌を獲得するために体格が大きく強い個体が雄，さほど闘争性がない種類では，栄養豊富な大きな卵を産むために体格の大きな個体が雌であった．ただし，前にも述べたホッコクアカエビも含めて，性転換をする動物において，雄あるいは雌，言い替えると精母細胞と卵母細胞が両方備わっていて，条件によってどちらかが優勢になるのだとすれば，本来個体としての性分化はなかったものと考えられる．

4.4 寄生による性の決定

　寄生生活を送ることで性が決定される興味深い例としてボネリムシがあり，膨大な研究が行われている．環形動物イムシ（ユムシ）類に属するボネリムシは雌雄の形態的差が著しい．雌は体の前端部のＹ字形の吻を入れると長さ約7cmもあるが，雄は0.1〜0.2cm程度の，やっと肉眼で見える大きさしかなく，雌の吻に寄生生活をしている．卵から孵化した幼生は性が未決定で，成長した雌の吻に付着して寄生生活を始めると3日間くらいで雄になり，一生寄生生活を送る（図4.4）．雌に付着する機会がなく水底に沈めば，やがて体長7cmほどの雌個体に発育する．

　実験的に雌の吻に寄生した幼生を，適当な時間をおいて引き離し単独で飼

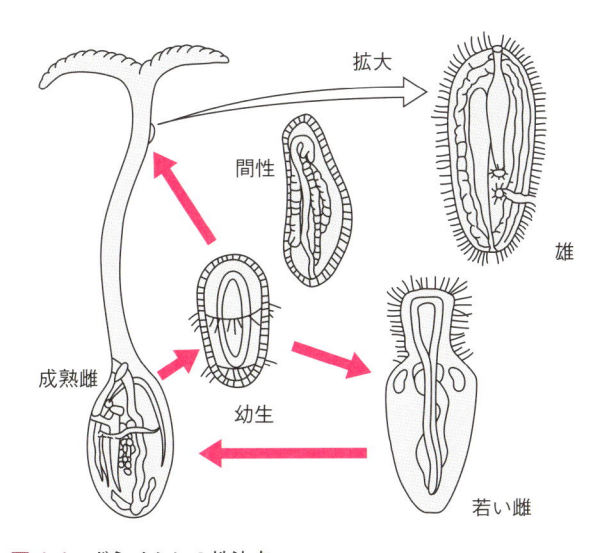

図 4.4　ボネリムシの性決定
　ボネリムシは著しい性差のある動物で，雌のからだは約7cmもあるが，雄のからだは0.1〜0.2cm程度しかない．生まれた幼生は自由生活を送れば雌として育つが，雌の個体をみつけて寄生すれば雄となる．いったん寄生生活に入り，雄になるはずの幼生を雌からはがし単独で飼育すると，雄でもない雌でもない間性になってしまう．幼生に寄生された雌は，その寄生した幼生が雌に分化するのを妨げる物質を産生すると考えられている．

育すると，雄でも雌でもない間性になるという．この性分化の機構の詳細はまだ不明であるが，寄生した幼生が，雌個体の産生するある種の物質を吸収することで，雌への分化を妨げられると考えられている．しかし，ボネリムシでも，すべて環境因子により決定されるわけでもなく，遺伝子型に依存する個体も存在するらしい．

　一方，ホンヤドカリに寄生するヤドカリノハラヤドリ（節足動物門・甲殻類・等脚目・エビヤドリムシ科）は，幼生後期の個体が宿主の腹部に取り付いた場合は雌となる．しかし，宿主の腹部にすでに取り付いている雌の個体の上に定着した幼生は雄になる．この雄は雌に比べてきわめて小さく，一生を雌の卵嚢の中で過ごす．宿主に取り付いて雌になる予定の個体を取って，他の雌の上に移しておくと雄に分化するところから，おそらく雄になるように決定づけられる因子が，雌から取り付いた個体に餌と共に取り込まれるものと考えられる．

　上記のような寄生生活によって，1つの種類の動物の性が雌雄どちらかに決まるのではなく，寄生されることによって，性の転換あるいは性の喪失が起こる場合もあることが甲殻類などで知られている．

　カニなどの甲殻類短尾類には，同じく甲殻類フクロムシ目のフクロムシがよく寄生する．フクロムシに寄生された雄モクズガニでは雌性化が起こり，精巣が卵巣に転換する可能性は古くから知られていた．フクロムシの寄生を受けた雄のカニは，二次性徴ばかりでなく生殖腺も雌化してしまう．この性転換の原因は，フクロムシの成長によって雄ガニのもつ造雄腺の発達が抑制されたり，あるいは破壊されたりしてしまうためと考えられている．なお，造雄腺は雄としての性分化を決める，特異的なホルモンを分泌する器官で後述する．

　雌ガニの場合はフクロムシの寄生を受けても，とくに変化のない場合もあるが，卵巣が破壊されて正常な卵をつくれなくなる場合が多い．このように寄生によって生殖能力を失うことを寄生去勢という．

　ダンゴムシ，クモ，フィラリア線虫などさまざまな動物に感染する真正細菌の一種であるボルバキアは，宿主の生殖腺に侵入して生殖能力にさまざま

な影響を与えることが知られている．すなわち，ボルバキアに感染された雄が雌化したり，不妊の偽雌になったりする場合，ボルバキアの感染により雌が雄を必要としない単為生殖能を獲得する場合，ボルバキアの感染により雄は死ぬが雌は生き残る場合，ボルバキアに感染された雄が生殖能を失う場合など，いろいろなケースがある．

　ボルバキアは成熟卵中に寄生しているが，精子中には存在できないので，雌だけがボルバキアの子孫を残すことができる．そこで雄をボルバキアの繁殖に貢献できるように雌化することができれば，より効率的に仲間を増やすことができる．あるいは有性生殖を行っている宿主を単為生殖させることができれば，感染できない不要な雄をなくし，雌のみにすることでボルバキアの繁殖に有利となる．

　また，ボルバキアの繁殖に貢献しない雄を殺すことは，ボルバキアにとって不要な個体を増やさず，感染可能な雌の食料を増やすことにもなるので，やはりボルバキアに有利である．このような宿主の性を変更したり，あるいは死に至らしめたりするしくみは，ボルバキアが宿主の卵のみを通じて繁殖することに原因があると考えられている．

4.5　半倍数性の性の決定

　半倍数性の性の決定様式はハチ類（ハチ，アリ）の一部，および甲虫類の一部（キクイムシ）で知られている，性の決定と社会性維持の様式である．この様式により繁殖する動物には性染色体がなく，染色体の数によって性が決定される．染色体数の違いに着目して半倍数性と呼ぶことが多い．未受精卵から生じる一倍体（半数体）の個体が雄となり，受精卵から生じる二倍体の個体が雌となる場合は半数性単為生殖，あるいは単倍数性，半数二倍体，半数倍数性などとも呼ばれる（雄性産生単為生殖）．逆に雌の方が半数体である場合もあり，これは雌性産生単為生殖と呼ばれる．

　半倍数性の性決定においては，雌がその子の性や性比を容易に調節できるので，生活様式を維持するために重要な意味があるのかもしれない．半倍数性は寄生性のハチ目で最初に進化したと思われるが，それはおそらくその後

■ 4章　各種の因子による性の決定

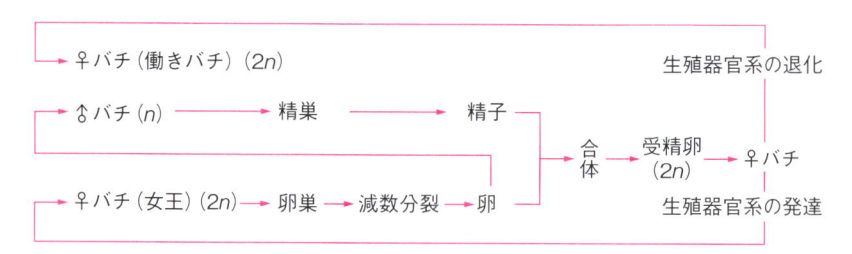

```
 ┌→ ♀バチ（働きバチ）(2n)                                   生殖器官系の退化
 │                                                       ┌──────┐
 ├─ ♂バチ (n) ──→ 精巣 ──→ 精子 ──┐
 │                                 ├─ 合体 ─ 受精卵 ─→ ♀バチ
 │                                 │          (2n)
 └─ ♀バチ（女王）(2n) → 卵巣 → 減数分裂 → 卵 ┘      生殖器官系の発達
```

図 4.5　ミツバチの半倍数性の性決定

ハチ類の性決定機構は特殊であり半倍数性の性決定といわれる．ハチの場合，雌は複相（二倍体）すなわち $2n$ の染色体数をもつが，雄は半数で単相の n である．女王バチは一度雄と交尾すると，その精子を体内に保存しておき，雌を産む場合は自らの卵と精子を合体させて二倍体の受精卵を産む．雄を産む場合は，自らの卵を単為発生させて単相の n の個体を産む．このようにハチの母親（女王バチ）は雌雄を産み分けることができる．ここでは図を簡略化するため女王バチの産んだ卵 (n) から発生した♂バチの精子 (n) と，同じ女王バチの産んだ卵 (n) が合体するようになっているが，この精子は他の女王バチから生まれた♂バチのものと理解してほしい．

もこの種の社会性昆虫の進化に対しても，引き続き決定的な役割を果たしてきたと考えられている（図 4.5）．

　栄養による性決定の項でも述べたようにミツバチの女王は，婚礼飛行によって1匹の雄バチと交尾する．精子は貯精嚢にいったん蓄えられ，必要に応じて使用される．女王バチは産卵に際して，貯精嚢に蓄えられている精子を使用して，自らの卵と合体させた受精卵 ($2n$) を発生させる場合と，精子を使用せず，自らの卵 (n) のみを単独に発生させる場合を選択できる．受精卵が発生すると二倍体の女王バチまたは働きバチを生じるが，受精されないで産卵された卵が発生すると半数体の雄を生じる（図 4.5）．

　すなわち，女王バチは受精卵と未受精卵の生産を自由に調節することで，子の性の決定を制御することができるわけで不思議といえば不思議である．このような半倍数性の繁殖法では，雄バチの遺伝子群はすべて母親である女王バチに由来する．

　女王バチや働きバチの染色体は32本，雄バチの染色体は16本である．雄バチのつくる精子は減数分裂を経ないで形成されるので，染色体構成は体細胞と同じである．しかも，雄バチにおいては，自らの遺伝子を次の雄に伝え

ることができず,したがって雄バチには父がなく,雄の子もないことになる.

　雌である働きバチの遺伝子は,半分が父親から由来したすべて姉妹と同じ染色体構成のもの,残りの半分の遺伝子は母親である女王バチから受け継いだものであるから,姉妹との間の血縁度が非常に高いことになる.雌の働きバチにとって,新たな雄から精子をもらって産む自分の娘よりも,母親である女王バチが産む姉妹の方が血縁度は高い.そこで姉妹の働きバチを多く育て,所属する集団を守るほうが,将来,自分の遺伝子の複製をより多く増やせることになる.これは血縁淘汰として知られている繁殖戦略の例である.

5章　性決定の修飾あるいは変更

　多くの動物の性決定はいくつかの遺伝子の組合せによって行われるが，性が決定された後でも，体内の生理的な変化によって決定が変更あるいは修飾される場合がある．遺伝子による性の決定の変更，あるいは修飾を引き起こす体内の因子としてホルモンがある．この章では，ホルモンによる性決定の変更および修飾について述べる．

　前にも述べたように哺乳類では，XY型の性染色体をもつ雄の生殖腺原基が，卵巣より先に精巣に分化する．しかし，生殖腺の雌雄が決定されれば，その後のすべての性差が決定され，自動的に生殖機能という面からみた正常な雌雄（男女）に分化していくわけではない．精巣か卵巣かの決定に続いて起こるのが，からだ全体の性分化で，その分化に決定的な役割を果たすのは精巣や卵巣から分泌される性ホルモンである．すなわち，性決定遺伝子からの情報が性分化を完成させるためには，一度ホルモンという液性情報物質に変換されなくてはならない．

5.1　ホルモンによる性の転換

　多細胞生物では，最初に生殖腺で行われた性決定に対応して，他の生殖付属器官あるいは生殖に直接関係のない体組織に，性的二型性が生じる場合が多い．そこで生殖腺における性決定を第一次性決定，生殖腺以外の体組織における性差の決定を第二次性決定と呼ぶ．性決定の対象となる形質を性形質という．

　性ホルモンが性の分化にどのように関わっているのか，まず実験結果をもとにみてみよう．個体に性の決定が生じれば，必然的に生殖腺の分化が起こるわけで，そうなれば当然性ホルモンが分泌されるはずだから，順序が逆といわれるかもしれない．ところが，そうはいかないことが以下の例から明ら

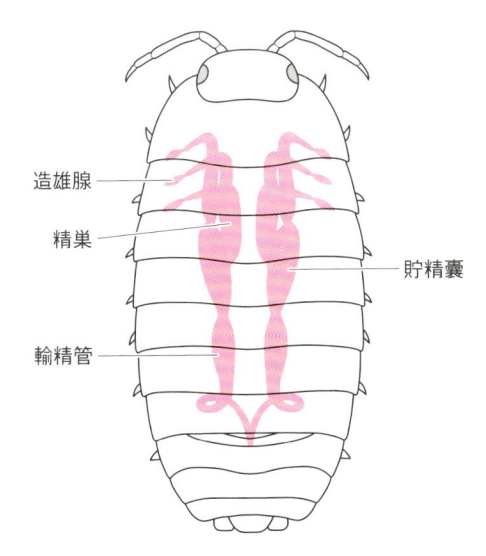

図 5.1　オカダンゴムシの造雄腺

オカダンゴムシなど一部の甲殻類には造雄腺がある．雄の個体には造雄腺が発達して，造雄腺ホルモンが分泌され雄としての性分化が保証される．雌には造雄腺は発達しないが，雄の造雄腺を移植してやると，何回かの脱皮の後，完全な雄に性転換する．なお，ダンゴムシやワラジムシでは3対の精巣の各先端部に造雄腺がついている．

かである．

　生殖腺から分泌されるホルモンではないが，無脊椎動物における造雄腺ホルモンは，性を決める強力なホルモンの例としてよく知られている．フランスのシャルニオ・コットンは1954年，節足動物の甲殻綱ヨコエビ目に属すオオハマトビムシを用いて移植実験を行い，①雌の卵巣を雄に移植すると，その卵巣が急速に精巣化していくこと，②雄の生殖腺およびその付属器官一式を雌に移植すると，雌が雄化するという2つの事実を発見した．

　これらの結果をさらに解析して，この性転換の原因となるものは，輸精管あるいは精巣と隣接して存在する器官であることを確かめた．雌を雄に変えることから，この器官は造雄腺と名づけられた．造雄腺を雌の個体に移植すると，雌は脱皮をくり返すごとに雄化し，卵巣も精巣化してくる．また，雄

■5章　性決定の修飾あるいは変更

の造雄腺を除去すると，それ以降は雄の性徴の発達は停止し，精巣内に卵細胞と思われる大型の細胞が現れてくる．

　われわれの身近な動物である甲殻綱ワラジムシ目に属すオカダンゴムシでも，造雄腺を雌に移植すれば，卵巣の有無に関わりなく雄化が進行する（図5.1）．造雄腺が産生し分泌する造雄腺ホルモンが性決定の鍵を握っているわけである．しかし，造雄腺が発達するかしないかは，原基の細胞のもっている性染色体構成，すなわち性決定遺伝子の影響によるものと考えられているので，本質的には遺伝子による決定といえる．

　それでもなお，一度，遺伝的に雌と決定された性を，完全な雄に変えることのできる造雄腺ホルモンは，注目に値する特異的な物質である．ダンゴムシの孵化した幼虫は，外形も内部生殖器官も雌雄で目立つ相違はみられず，どちらかというと雌型に近いという特徴がある．幼虫の生殖腺原基には，一部に始原生殖細胞の塊があり，これが生殖腺原基の本体部分に広がった場合には卵巣へ，前方の糸状部分にまで移動したときには，その糸状部分が精巣となる．孵化して3回目の脱皮を経過したとき初めて，内部生殖器官原基に雌雄差が現れ，4回目の脱皮後，二次性徴の分化がみられる．

　造雄腺の原基の分化は，遺伝的に雄の個体がもつと思われる雄決定遺伝子の中のどれかの発現によって誘導されるのだろうし，造雄腺が分化すれば造雄腺ホルモンを産生し分泌するはずである．そして造雄腺ホルモンは，性的両能性を有する生殖腺原基に作用して，雄への分化を確実なものとすると同時に，雌的な性徴の分化発達を抑制すると考えられる．

　一方，遺伝的に雌の個体は雌決定遺伝子をもつか，あるいは雄決定遺伝子をもたず，造雄腺原基の細胞の活性化が起こらない．その結果，造雄腺ホルモンが産生されないので，雄性の性徴は発達せず，卵巣が分化してくるのであろう．

　すなわち造雄腺ホルモンは，性分化を決定づけるホルモンと呼んでいいユニークなホルモンといえる．すなわち造雄腺ホルモンは性分化の方向を決定づけるキーホルモンと考えられるが，造雄腺が発達するか発達しないかは，雄になるべき個体がもっている性決定遺伝子群によるわけである．

オカダンゴムシの造雄腺ホルモンは，1999年に奥野と長澤（東京大学）により，29アミノ酸残基からなるA鎖と，44アミノ酸残基からなるB鎖で構成されるペプチドであることが判明した．その前駆体は，アミノ酸配列は異なるが，血糖量を低下させるホルモンとしてよく知られているインスリン前駆体と類似の構造をもち，A鎖とB鎖をつなぐ45アミノ酸残基のC鎖が存在する．

脊椎動物においては，性分化の方向を左右する主たるホルモンはステロイドホルモンであるが，無脊椎動物のダンゴムシでは，分子量約12,000のペプチドホルモンである．性分化を誘導するホルモンの種類が脊椎動物と無脊椎動物で異なるのは，遺伝子と細胞内情報伝達様式の関係などの問題から興味のわくところで，今後研究が進めば解明されるであろう．なお，ダンゴムシの造雄腺ホルモンの分子構造は，フランスのマルタンによっても同時に解明されている．

ホルモンによる性の転換は，脊椎動物でもよく知られている．わが国において実験動物化されたメダカには，XX／XY型の性決定機構が備わっている．幼期における硬骨魚類の生殖腺は，少数の体細胞と始原生殖細胞とから成っている．始原生殖細胞はやがて細胞分裂を重ねて増加し，生殖母細胞となる．メダカでは孵化仔魚（全長4.5mm）において，すでに減数分裂の初期に達した大型の生殖細胞が識別され，卵巣への分化が開始していると判断できる．その他の多くの魚類で，生殖細胞の核相から，雌性分化の開始時期は早期に判断することが可能である．

これに対して精巣への分化の形態学的な特徴は，雌性に比較すると遅れて発現する．たとえば遺伝的に雄のメダカの生殖腺は，全長8.5mmまで未分化状態を呈しており，全長9.5mmに成長して初めて生殖細胞に減数分裂像が認められる．しかし，生殖細胞の形態学的変化を目安とする限り，雄性の分化は遅く始まるが，遺伝的プログラムに従った生理的分化の過程は，雌雄共にもっと早期から始まっていると思われる．

実験的に都合のよいことに，メダカの尻びれの長さはアンドロゲンの作用の支配下にあるため，雄メダカの尻びれは，雌のそれに比べて明らかに長い

■ 5 章　性決定の修飾あるいは変更

など，外見から容易に見分けのつく性徴を備えている．これらの特徴を利用して，1962 年に山本（名古屋大学）により巧妙な実験が行われた．体色を支配する対立遺伝子は性染色体上にある．このため体色の決定が性決定機構と連鎖していることになる．そこで Y 染色体上に体色を橙赤色にする優性遺伝子が，X 染色体上には体色を白くする劣性遺伝子が存在する系統のメダカを利用し，XX 型の雌魚は体色が白くなり，XY 型の雄魚は体色が橙赤色になるようにして，両者を交配した．そして受精卵が孵化してから全長 12 mm の幼魚になるまでの性分化の時期をはさんで，種々のステロイドを投与した．

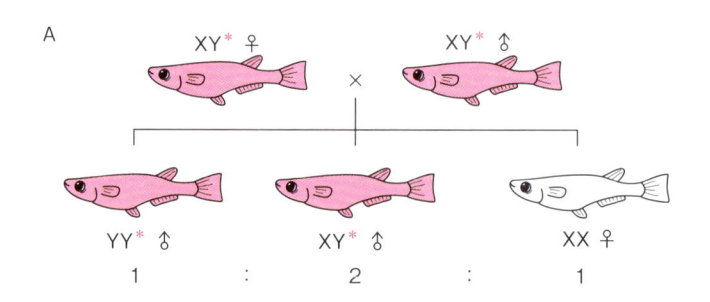

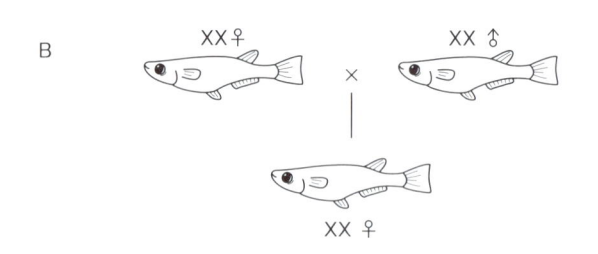

図 5.2　メダカのホルモンによる性転換
　Y 染色体上に体色を橙赤色にする優性遺伝子をもつ系統のメダカを利用して，性ホルモンの性決定への関与を調べる実験．
　A：エストロゲンで雄（橙赤色）から雌に性転換した個体であれば，正常な雄（橙赤色）と交配すると，雄と雌の比は 3：1 になる．
　B：アンドロゲンで雌（白色）から雄に性転換した個体であれば，正常な雌（白色）と交配すれば，生まれる子はすべて雌になる．
　*印は Y 染色体がもつ，体色を橙赤色にする遺伝子を表わす．

5.1 ホルモンによる性の転換

　遺伝的にXY型で本来雄の橙赤色メダカが，性ホルモンにより機能的な雌に性転換しているのなら，正常なXY型の雄と交配させれば，生まれる幼魚の性比は雄：雌＝3：1になる（図5.2）．

　逆に遺伝的にXX型の白色雌がホルモンにより性転換している場合は，XX型の正常雌と交配すれば，生まれる幼魚はすべて白色のXX型雌となるわけである．このように体色と体型を指標とした交配実験を行うことで，性ホルモンがメダカに性転換を起こさせ，しかも，性転換した個体は受精能力をもっていることが明らかになった．

　遺伝的な雄を，機能的な雌魚に転換させるのに有効なステロイドはアンドロゲンである．その後の実験によると，生殖腺がすでに形態学的に雌雄どちらかに分化した全長10 mmの稚魚も，ホルモンで性転換させられる場合もあることが判明した．

　性決定の様式にかかわらず，多くの魚種の未分化生殖腺は17β-エストラジオールの投与により雌化して卵巣となり，メチルテストステロンの投与によって精巣に分化し雄化する．また，高温処理によっても雄化が誘導される魚類もいることから，生殖腺におけるアロマターゼ活性に依存するエストロゲンの生合成の程度，および高温ストレスによって誘導されるアポトーシスの程度が，魚類の生殖腺の性分化に大きな役割を果たしているらしい．

　なお，前にも述べた雌性先熟を示すタウナギでは，2～3年の雌の時代を過ごしたあと雄に性転換する．このとき，それまで不活発であった雄性組織の間質細胞が発達してくる．これに伴い性ホルモン合成酵素の活性が高まり，アンドロゲンの生産比と血中量が，エストロゲンのそれを上まわるという．

　また，雌性先熟を示すハワイ産のベラにおける雌から雄への性の転換は，卵巣の卵胞細胞のアロマターゼ遺伝子の発現が抑制されることで，エストロゲン合成の低下が起こり，それが引き金となり転換するといわれている．孵化後2か月のクロダイの稚魚に経口的に数か月間雌性ホルモンを投与すると，精巣部分の形成が抑制され，早期雌性化を引き起こすことができる．

　観賞魚として人気のあるグッピーも，ホルモン処理により機能的な性転換個体を得ることができる．このように魚類の機能的性転換がホルモン処理に

■ 5 章　性決定の修飾あるいは変更

より容易に起こるのは，稚魚のときの生殖細胞が，精原細胞あるいは卵原細胞どちらにもなれる両能性をもっているからであると考えられている．なお，ホルモンによる魚類の性転換の研究は，養殖業者をはじめとして水産関係者の間で盛んに行われている．

　たとえば成長の程度に性差があって，雌のほうが大きく，しかも大型魚ほど高価であるドジョウやヒラメなど，また卵巣が珍重されるアユなどでは雌を増やすことで，より大きな利益を得ることができる．養殖のサケ，マス類のように卵巣の成熟に伴い可食部が増えない魚種や，雌が小型で口中保育をくり返すティラピアなどは，より可食部の割合が多く高価な雄を増やすことが有利である．上記のグッピーのように体型や色彩に性差があり，鑑賞魚としての価値が一方の性にかたよる場合にもホルモン処理は有効である．このようにさまざまな理由から，ホルモン処理による性の転換は実用上でも重要な問題なのである．

　両生類の一部のトノサマガエル，イモリ，サンショウウオなどはXY型，ヒキガエル，アフリカツメガエル，メキシコサラマンダーなどはZW型であるが，大部分の種で性染色体は同定されていない．また，魚類のように自然状態で性転換する種も知られていない．両生類でも性ホルモンによって性転換は起こるが，魚類よりは制限が多い．

　アマガエル科のニホンアマガエル（XY型）はエストロゲン処理で一部雌化するけれども，アンドロゲン処理による雄化は難しい．ツチガエルでは，XY型の西日本の系統はアンドロゲンで雄化し，ZW型の北陸の系統はエストロゲンで雌化する．ホルモンにより性転換したツチガエルから採取した精子および卵は，正常に機能するという．ウシガエル，ヒョウガエル，ヨーロッパトノサマガエルも，同様に性ホルモンによって雄化あるいは雌化する．

　アフリカツメガエル（ZW型）では，オタマジャクシを採餌期から変態まで，エストロゲンを含む水で飼育すると雌化するが，一部の雌の卵管は不完全であるという．また，ヒキガエル科のアメリカヒキガエル（ZW型）でも，胚をエストロゲンで処理すると，変態時に全個体が雌化するが，その後一部が雄に戻る．また，ヨーロッパヒキガエル（ZW型）は，エストロゲン処理

で一部が雌化する．カジカガエル（ZW型）では，雌（ZW）オタマジャクシをエストロゲンあるいはアンドロゲンで処理すると，低率ながら雄化させることができる．しかし，雄（ZZ）オタマジャクシをホルモン処理で性転換させることはできない．

このように多くの無尾類のカエルの性分化に対して，ホルモンは効果をもっているが，むろん性ホルモンに対して感受性がない種もいる．

有尾類にも性ホルモンに感受性のある種がいて，イベリアトゲイモリの幼生を，エストロゲンを含む水で4週間飼育すると，変態時に全個体が雌か間性になるという．しかし，テストステロンでは雄化できず，むしろ卵管のない雌が生まれると報告されている．マーブルサラマンダー，トラフサンショウウオ，アホロートルもイベリアトゲイモリと同様に，エストロゲンとアンドロゲンで雌化することが知られている．このように両生類では，性ホルモンによって生殖能力をもった性転換個体を得ることもできるが，ホルモンの効果は複雑で，エストロゲンで雌化し，アンドロゲンで雄化するという単純なものではない．

爬虫類においても，性ホルモンによって性が転換する種がいる．ヨーロッパヌマガメ，ニシキガメ，トゲスッポン，アメリカアリゲーターなどで，卵にエストロゲンを注入すると，本来なら雄化する温度で孵卵しても雌が生まれるという．しかし，切り出した未分化生殖腺を，雄化あるいは雌化する温度で培養しても，精巣あるいは卵巣に分化せず，またホルモンを添加しても効果がないという．

すなわち，性ホルモンのみでは未分化生殖腺を卵巣に分化させることができず，さらに別の因子が必要だと考えられている．エストロゲンは雄になるはずの胚を雌化することができるが，アンドロゲンは雌になるはずの胚を雄化することができない．しかし，アンドロゲンで処理した胚からの個体の性は雄にかたよるので，雄化を促すことは確かである．

前に述べた爬虫類の温度に依存する性決定機構において，生殖腺の雌雄への分化を決める因子は，テストステロンをエストラジオールに変換する酵素であるP450ステロイドアロマターゼの活性であるとされている．しかし，

5章　性決定の修飾あるいは変更

アロマターゼ遺伝子の発現は，性分化の温度感受期にはほとんどないか，あるいは非常に低く，しかも雌雄差がみられない．温度感受期を過ぎた後は，アロマターゼ遺伝子の活性が，雌の生殖腺に強く発現する．実際にアロマターゼ自体の活性も温度感受期に非常に低い．その後も雌の生殖腺での活性が急に上昇するが，雄の生殖腺では活性がみられないという．したがって，中村（早稲田大学）らはアロマターゼ遺伝子の発現および酵素活性は，爬虫類の温度依存性の性決定において，第一の要因ではないと考えている．

多くの鳥類において雌の生殖腺系は，右側の卵巣は退化して痕跡的になり，左側の卵巣と，それに付随する生殖輸管系が発達し左右非相称である．発生初期に移動してきた始原生殖細胞は，はじめ左右の卵巣原基に等しく入り込むが，いったん右卵巣に入った生殖細胞の一部は，左卵巣に移動してそこに定着する．ニワトリ胚の左卵巣を除去しても，右卵巣の発達はみられないので，左卵巣の抑制作用により右卵巣が退縮するわけではない．

しかし，孵化後に左卵巣を除去すると，残った右側の不活性卵巣様組織が精巣化して，残存した生殖細胞は精子形成を開始する．この右卵巣の雄性化は孵化後にのみ起こるため，脳下垂体から分泌される生殖腺刺激ホルモンの作用によると考えられている．機能的な左側卵巣の除去は，エストロゲンの分泌源を失うことであるから，ホルモンのない状態で基本型の雄化が起こると考えればよい．また，孵卵5日のニワトリ雄胚にエストロゲンを注入すると，左側精巣のみ発達して，卵胞をもった卵精巣になる場合があるので，これらの研究からも，ZW／ZZ型の鳥類は雌化傾向が強いといえる．

哺乳類においては次のような例がある．去勢された成体マウスの腎皮膜下に，胎児の卵巣と精巣を同時に移植してやると，精巣は正常に発達するが卵巣は卵精巣になるという．すなわち，XY型の哺乳類には雄化傾向がみられる．

以上のように鳥類や哺乳類になると，ホルモンにより部分的な転換は起こるが，魚類や両生類のように完全に機能的な性転換，言い換えると性の再決定をすることができない．この点に関しては次のように考えられている．鳥類ではZ染色体とW染色体の間の機能的分化が進んでいて，Z染色体は満足のいくほどW染色体の代わりをすることができない．哺乳類においても，

Y染色体は性決定に関与する遺伝子以外，ほとんど重要な遺伝子群をもたないと考えられているけれども，X染色体はY染色体の代わりを完全に務めることができないらしい．

両生類や魚類では，性染色体間の機能的分化がそれほど進んでいないため，Z染色体をW染色体に置き換えても，あるいはY染色体をX染色体に置き換えても，別に支障はないというわけである．事実メダカでは，まれに哺乳類ではみられない生存可能なYY個体が生まれる（図5.2参照）．

5.2 ホルモンによる性差の形成

哺乳類において，生殖腺の雌雄決定を震源として発生する性分化の波は，生殖輸管系や脳へと次々に及んでいき，形態的にも機能的にも雄あるいは雌と判別できる性差の形成が起こる．性的に未分化なヒト胎児の内部生殖器系の原基は，男女ともに同一の構造で，生殖腺原基，それに将来男性の内部生殖器に分化するウォルフ管と，女性の内部生殖器に分化するミュラー管と呼ばれる二対の生殖輸管系の原基，そして総排泄腔の原基である尿生殖洞とから構成されている．

男性においては，ウォルフ管が分化・発達して副睾丸・輸精管・精囊（貯精囊）となり，同時にミュラー管は退化する．一方，女性においてはミュラー管が発達して卵管・子宮・膣の一部に分化していき，ウォルフ管は逆に退化する．

ここでは1940年代の中頃から1970年にかけて，生殖輸管系の性分化のしくみが解明される発端となったフランスのヨーストによる有名な実験を紹介しよう．彼はまずウサギの胎児を用いて，前に述べたヒトの場合と同様に，雄ではウォルフ管が雄性輸管系に，雌ではミュラー管が雌性輸管系に分化することを確かめた．次いで，精巣あるいは卵巣に分化したばかりの生殖腺を摘出してみたところ，胎児の性に関わりなくウォルフ管は退化し，ミュラー管が分化・発達することを認めた（図5.3A）．

そこでさらに雄胎児を用いて，分化直後の精巣を片方のみ摘出してみた．結果は精巣を残した側にあるウォルフ管が分化・発達し，ミュラー管は退化した．一方，精巣を除去された側では，ミュラー管の分化発達とウォルフ管

■ 5 章　性決定の修飾あるいは変更

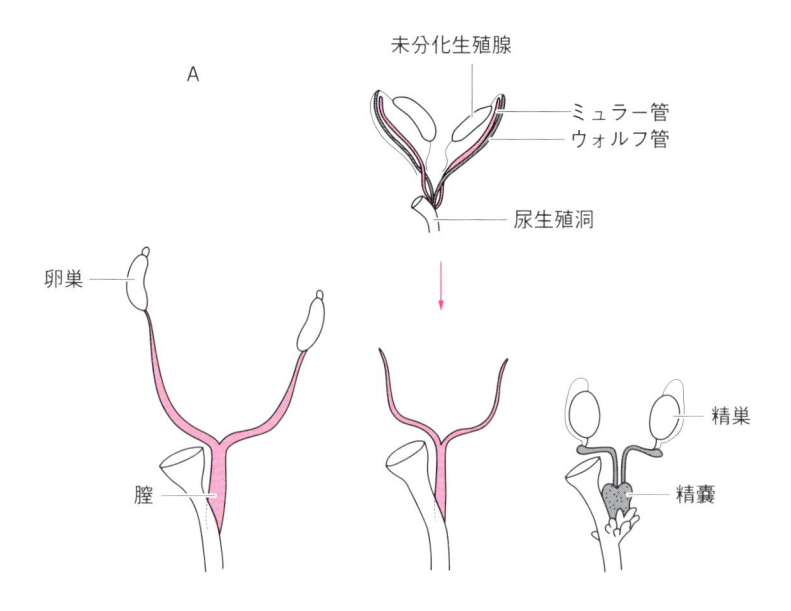

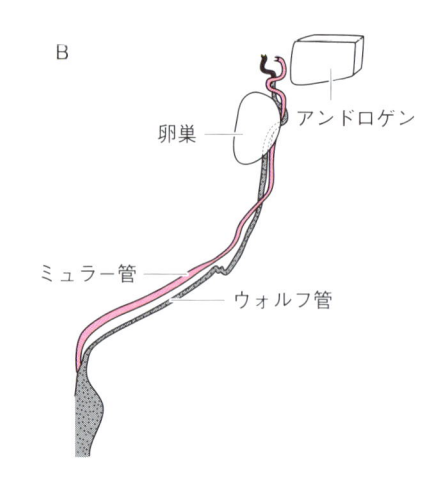

図 5.3　ミュラー管抑制因子の発見

雌雄の生殖輸管系はミュラー管とウォルフ管から分化してくる.

A：雌胎児ではウォルフ管は退化しミュラー管が発達してくるが，雄胎児ではミュラー管が退化しウォルフ管が発達してくる．両側の未分化生殖腺を除去するとウォルフ管は退化し，ミュラー管が残ることから，精巣の存在がウォルフ管の発達とミュラー管の退化に関係することがわかる.

B：雌胎児の片側卵巣近くにアンドロゲンを挿入しても，ウォルフ管とミュラー管が残ることから，アンドロゲンはウォルフ管の発達を促すが，ミュラー管の退化には関係ないことがわかった．すなわち，精巣にはアンドロゲン以外に，ミュラー管を積極的に退化させる因子があると推察された.

の退化がみられた．また，両側精巣を除去した場合でも，摘出時期を少し遅らせると，ウォルフ管，ミュラー管共に，ある程度その発達が維持されていた．これらの結果は，ウサギの雄性生殖輸管系の分化が，精巣の機能発現に依存していることを示している．

　これら一連の実験から彼は，胎児精巣には生殖輸管系原基を雄化する能力があると考えた．そこで雌胎児の一方の卵巣側に胎児精巣を移植してみたところ，精巣移植側ではウォルフ管が発達してミュラー管が退化すること，反対側ではウォルフ管が退化し，ミュラー管が発達することが明らかになった．

　精巣の主要な機能の1つはアンドロゲンの産生と分泌であることから，精巣の代わりとしてアンドロゲンの結晶を上記の実験と同様に片方の卵巣の側に植えたところ，移植側ではウォルフ管とミュラー管が共に分化し発達するという結果を得た（図5.3B）．この事実から，胎児の精巣はアンドロゲンとは異なる活性物質を分泌していて，それがミュラー管を退化させるのであると考えるに至った．この物質は前にも述べたミュラー管抑制因子（MIS），あるいはミュラー管抑制ホルモンと呼ばれるものである．

　ラット胎児を材料とした培養系でのアッセイ法が確立されて研究も一段と進み，ミュラー管抑制因子は精巣のセルトリ細胞から分泌されるタンパク質性のホルモンで，動物の成長や分化に関係する，ある種のタンパク質グループに属することがわかった．このタンパク質グループは，β型形質転換成長因子（TGF-β：transforming growth factor-β）と呼ばれ，成長因子ファミリーとしてまとめられる物質集団である．

　その後，ミュラー管抑制因子のアミノ酸配列も決定され，ヒトのミュラー管抑制因子は560個のアミノ酸残基からなるペプチドで，その遺伝子は第19染色体上にあることなどが明らかになった．このβ型形質転換成長因子は，アフリカツメガエルやショウジョウバエでも発見されており，種の分化が進む以前から存在したと考えられている．ミュラー管抑制因子は，その中でも特異的な作用をもつ物質として進化したものと思われる．

■ 5章　性決定の修飾あるいは変更

コラム 9
セルトリ細胞は芸達者

　ミュラー管抑制ホルモンは，分化したてのセルトリ細胞から分泌される．その他にセルトリ細胞は性決定遺伝子のいくつかを，その分化過程と並行して発現させるので，性分化に重要な役割を果たすことは明らかである．

　しかし，セルトリ細胞は，発生初期だけでなく，その後もいくつかの重要な役割を果たし続ける．その1つに血液－睾丸柵がある．一次精母細胞は $2n$ であるが，減数分裂を行い半数体（n）の二次精母細胞になると，精子特有の抗原が発現する．もし，この精子抗原が漏出し，精細管外の体液に出れば，精子に対する自己免疫症が成立し，精子は死滅してしまう．

　精細管壁にあるセルトリ細胞はアメーバのような形態をしていて，腕を伸ばしてお互いに接着し，管壁に近い側に基底側コンパートメント，精細管内腔に近い側に内腔側コンパートメントと呼ばれる袋のような空間をつくっている．両コンパートメントをつくる隣接したセルトリ細胞の腕の接着部には，血液－睾丸柵と呼ばれる閉鎖性結合帯があり，物質の無差別な移動を防いでいる．

　一方，精母細胞も減数分裂の前後は，隣接する精母細胞どうしが手をつなぐような格好で，同時にコンパートメントを移動する．このため精母細胞が分化し移動するたびに，精細管の内腔側に近い閉鎖性結合がいっせいに開き，精細管壁に近い基底側の閉鎖性結合が閉じる．このようにして精母細胞が移動するときは，コンパートメントの精細管壁側の閉鎖性結合が閉じているので，コンパートメント内にある抗原となる物質が，精細管外（父親の体内）へ漏出するのが阻止される．

　この他，セルトリ細胞は精子への栄養補給，アンドロゲンとエストロゲンの分泌，精子の早熟を抑制するアンドロゲン結合タンパク質の産生など，精子の成熟を調節するために実に多彩な任務を遂行している．

6章 性分化の完成

　生物界を広く見渡してみれば，動物の性とは必ずしも雄と雌の二型だけではないが，性分化といえば，生まれた動物の性が雄か雌に決定していく過程を意味している．この章では，ヒトを含めた脊椎動物哺乳類の性分化について述べる．

　セックスの語源が「分ける」という意味のラテン語であるように，雄（男）と雌（女）ではその姿かたち，役割などたいへん違っている．性を象徴する生殖腺は2種類で，生殖細胞すなわち配偶子といわれる精子と卵をつくる器官を，それぞれ精巣および卵巣と呼ぶのが慣わしである．個体としての性分化は，生殖腺の分化が始まりであり，個体としての性特異的な行動の発現が終着点である．

　すなわち性分化の過程を大別すると，卵と精子の合体で決まる遺伝的な性の決定に始まり，生殖腺原基の精巣あるいは卵巣への分化，種々の生殖輸管系の分化，そして脳の性分化，最後は各器官が正常に機能した結果としての行動の性差の発現となる．

6.1 生殖輸管系の分化

　哺乳類では，まずXY型の性染色体をもつ個体の生殖腺原基が，精巣に分化するわけだが，これで以後のすべての性差が決定され，自動的に正常な男女（雌雄）に分化していくわけではない．精巣か卵巣かの決定に続いて起こるのが，からだ全体の性分化である．この全身的な性の分化に決定的な役割を果たすのは，精巣から分泌される性ステロイドホルモンである．

　すなわち性決定遺伝子からの情報は，一度ホルモンという液性情報伝達物質に変換されなくてはならない．性的に未分化なヒトの胎児において，内部生殖輸管系の原基は男女とも同じであり，いわゆる性的両能性がみられる．

91

■ 6章 性分化の完成

```
              Wt-1
              Sry
         Ad4BP/Sf-1    Ad4BP/Sf-1
            Dax-1        Dax-1
             Sox9         Sox9
                    ↓
                未分化生殖腺
```

（図：未分化生殖腺、中腎、ミュラー管、ウォルフ管、尿生殖洞）

```
    Wt-1
    Sry
 Ad4BP/Sf-1              Dax-1
   Sox9
    Mis
  アンドロゲン          エストロゲン
```

（左図：精巣上体、精巣、膀胱、ウォルフ管、ミュラー管、尿管、尿道）
（右図：卵巣、ミュラー管、膀胱、尿管、ウォルフ管、尿道、膣）

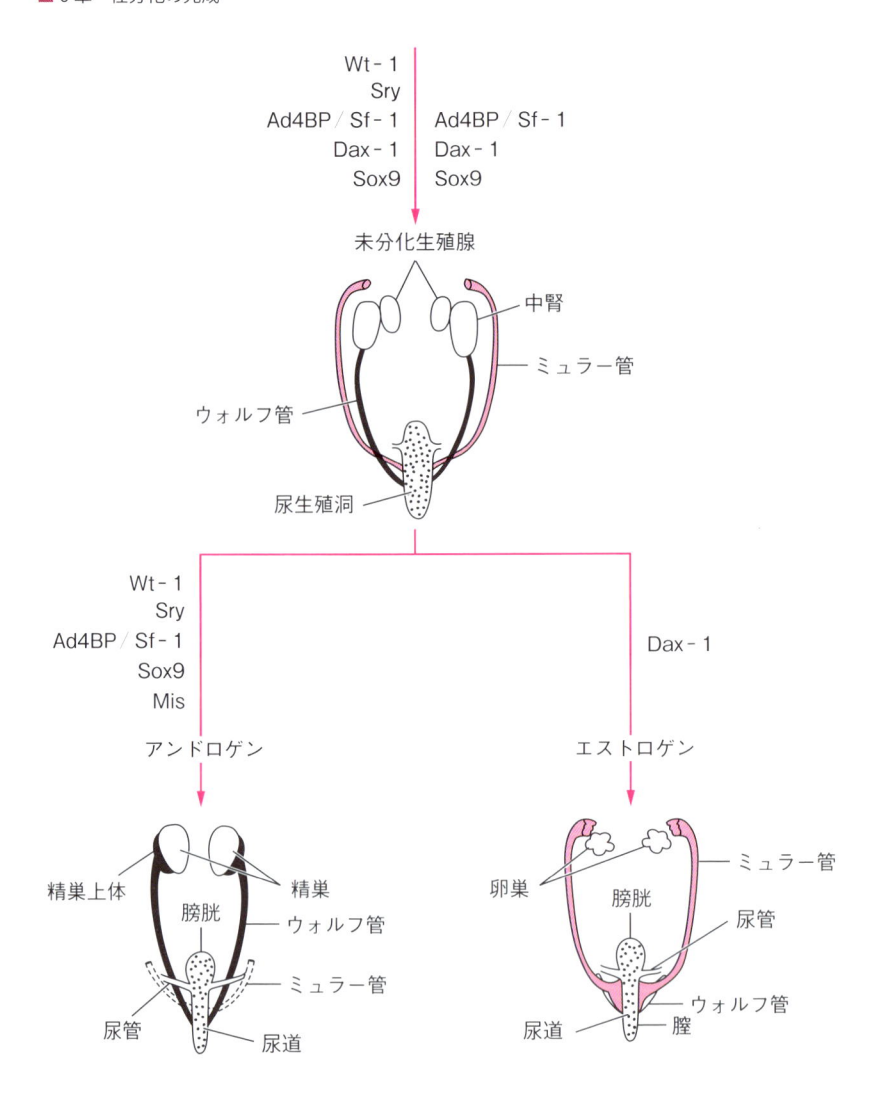

図 6.1 生殖輸管系の分化と性決定遺伝子
　雌雄マウスにおける性決定遺伝子の発現と性ホルモンの産生，この2つの因子によって起こる生殖輸管系の発達の相互関係を模式的に示した．雄では最終的にウォルフ管の発達とミュラー管の退化が，雌ではウォルフ管の退化とミュラー管の発達が起こる．なお，図中の性決定遺伝子については，遺伝子名，遺伝子の存在する領域名，および遺伝子産物を区別せず，本文中にある略称を使用した．

原基は男女共に将来，男性の生殖輸管系に分化するウォルフ管と，女性の生殖輸管系に分化するミュラー管と呼ばれる 2 対の管，および総排泄腔である尿生殖洞とから構成されている（図 6.1）．

ウォルフ管とミュラー管の分化が，第二次性決定と呼ばれる生殖輸管系の性差形成に際して起こる最も劇的なできごとである．

雄性生殖輸管系の原基であるウォルフ管は中腎輸管とも呼ばれ，はじめは中胚葉性の前腎の導管として左右 1 対形成される．前腎が退化すると，生殖隆起に形成された中腎管と連結するようになり，ウォルフ管と呼ばれる排出管となる．さらに中腎に代わって後腎が形成されると，ウォルフ管は排出管としての役目を終える．その代わり後腎の排出管としては，後腎輸管が別に形成されてきて輸尿管となる．排出管としての役目を終えたウォルフ管は，やがて男性では頭側部において精巣と，尾側部では尿生殖洞と連結して，輸精管などの雄性生殖輸管系の原基となる．また男性の場合は，ミュラー管の頭側部は精巣垂，尾側部は前立腺小室と呼ばれる痕跡的器官となって退化する．

男女ともウォルフ管が形成された後しばらくして，ウォルフ管に沿って体腔上皮の陥入が起こる．次いで，この陥入した体腔上皮が体腔表面と連結を断って管状構造になり，頭側部は生殖腺原基の側に位置し，尾側部では尿生殖洞と連結して，ミュラー管と呼ばれる雌性生殖輸管系の原基が形成される．ミュラー管の管状構造は胎生 5 週を過ぎて形成され，8 週で尿生殖洞と連結する．ここまでの形態形成は男女とも同じである．女性の場合は，左右 1 対のミュラー管の尾側部はやがて癒合して，1 本の子宮腟管を形成する．一方でウォルフ管は退化し，ゲルトナー管として痕跡的に残るだけとなる．

男性においては，ウォルフ管がさらに分化して精巣上体，輸精管，精囊腺および射精管となる．ウォルフ管の分化に伴って尿生殖洞も分化を開始し，連結部には精丘，前立腺，尿道球腺など，生殖結節部からは陰茎や陰囊などが分化する．これら器官の発達に伴い，雄型外陰部の表現型ができあがる．

一方，女性を含め単子宮動物の雌では，左右に分離しているミュラー管が卵管（輸卵管）となり，癒合している部分から子宮と腟の頭側部が形成される．

■6章　性分化の完成

膣の後部は尿生殖洞から形成される．マウスのような双子宮動物では，左右に分かれているミュラー管が輸卵管と子宮を形成し，癒合した尾側部からは子宮頚部と膣の頭側部ができる．

　男性胎児においては精巣が胎生6週ころに分化し，8週ころにアンドロゲンを，9週の後半からミュラー管抑制因子を分泌するようになる．アンドロゲンはウォルフ管を男性生殖輸管系に分化発達させ，ミュラー管抑制因子はミュラー管を退化させることで，正常な男性としての分化を保証するわけである．

　ミュラー管はもともと自律的に女性生殖輸管系に分化発達する性質をもっているため，精巣からのアンドロゲン分泌がなければウォルフ管は発達せず，ミュラー管がある程度まで分化発達することになる．そこで輸管系の原基は，胎児精巣からのホルモンに反応できないと，性染色体構成の違いによる遺伝的な性に関係なく，ミュラー管が分化発達し，身体的には女性型（雌型）のヒトになってしまう．哺乳類の精巣から分泌される主たるアンドロゲンは，テストステロンである．確かにテストステロンがウォルフ管に作用して，精巣上体，輸精管，精嚢腺などを分化させることは明らかであるが，役目はそれだけでないことも次第にわかってきた．

　すなわち一部の生殖輸管系の組織においては，テストステロンが5α-還元酵素という酵素により5α-ジヒドロテストステロンと呼ばれる，より強力なアンドロゲン作用をもつホルモンに転換して作用するのである（図6.2）．主としてウォルフ管から分化する生殖輸管系の細胞には，5α-還元酵素が発現しないことから，もっぱらテストステロンの作用により発達する．しかし，5α-還元酵素を発現する組織では，そこに流れて来たテストステロンが5α-ジヒドロテストステロンに変換されてから作用することになる．

　5α-ジヒドロテストステロンは前立腺の形成を促し，さらに生殖結節と尿生殖隆起に作用して外部生殖器，すなわちペニスや陰嚢の形成を促進する．このように主として尿生殖洞から分化する前立腺，尿道および，陰茎，陰嚢などの発達には，5α-ジヒドロテストステロンが中心的な役割を果たしている．

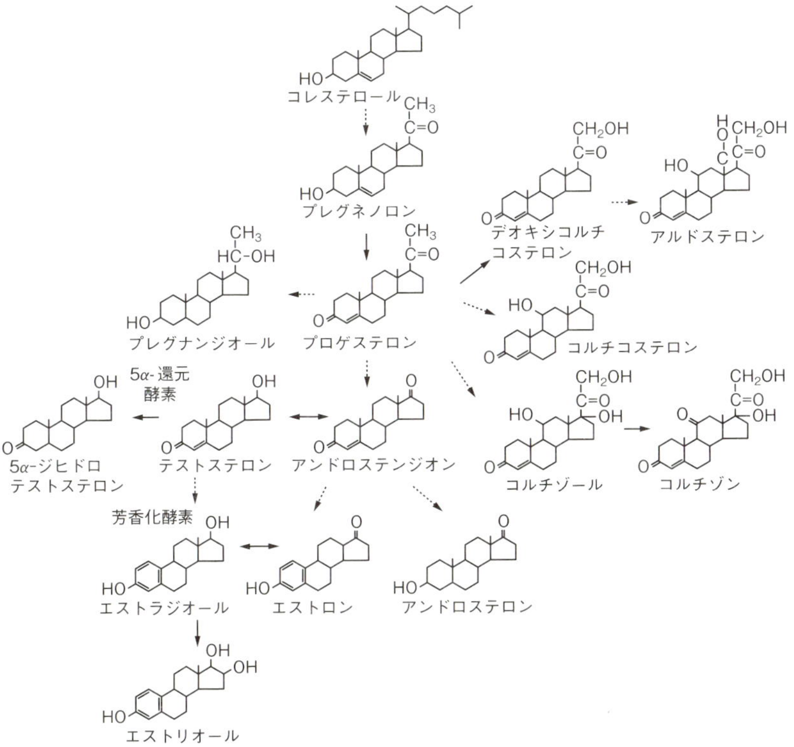

図 6.2　ステロイドホルモンの代謝経路

性ステロイドホルモンはすべてコレステロールからできてくる．コレステロールは，いくつかの代謝を経てプロゲステロンになる．プロゲステロンは大きく副腎皮質系のホルモンになる経路と，性ホルモンになる経路を選択し，後者ではアンドロゲンの1つであるアンドロステンジオンを経由してテストステロンとなる．テストステロンは芳香化酵素（アロマターゼ）により代表的なエストロゲンであるエストラジオールになる道と，5α-還元酵素により5α-ジヒドロテストステロンになる道を選択する．なお，図では性分化に関係の深いホルモンおよび酵素のみを記し，中間あるいは最終産物，別の合成経路などの多くを省略してある．また，図中の実線で示した矢印は直接，破線で示した矢印は中間産物を省略したことを意味している．

■ 6 章　性分化の完成

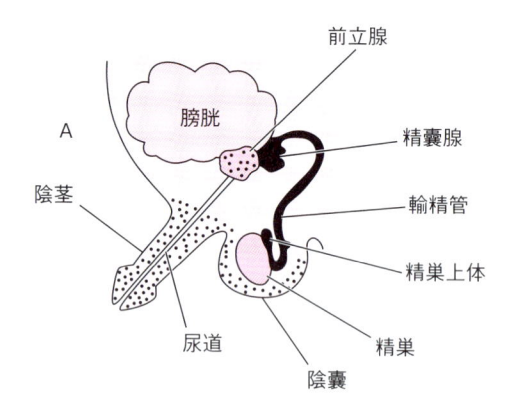

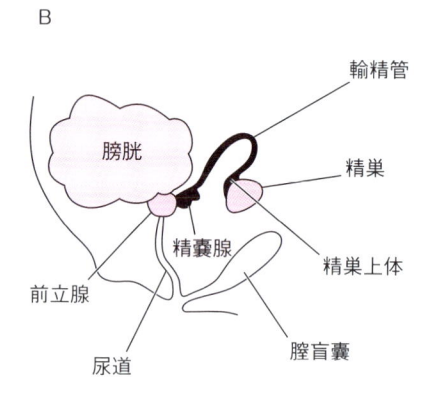

図 6.3　睾丸性女性化症
A：正常な男性の生殖器官系で，黒色の部分はテストステロンにより，点々の部分は 5α-ジヒドロテストステロンにより分化することを示す．
B：この男性は 5α-ジヒドロテストステロンを産生できないか，あるいは 5α-ジヒドロテストステロンに対する受容体がないため，前立腺，陰茎（ペニス），陰嚢の発達が不十分で，精巣は腹腔内に留まり，外見的にも女性的な生殖器をもつ．このような状態で精巣を腹腔に長くおくと，腫瘍化する恐れがあるため，体表面に移動させるなどの処置が必要である．

6.1 生殖輸管系の分化

　男子型の生殖輸管系を分化させるためには，精巣ができて機能し，テストステロンとミュラー管抑制因子を分泌すること，さらに特定の組織がこれらホルモンに対する受容体や，5α-還元酵素を発現しなければならないわけである．

　たとえ XY 型の性染色体をもつ個体でも，そのうち 1 つの条件でも欠けると，生殖輸管系の発達に異常を生じてしまう．アンドロゲン受容体の発現は，X 染色体上の遺伝子により支配されているので，ここに欠陥があると，精巣がせっかくテストステロンを分泌しても，それを使用できず雌型の生殖輸管系を発達させてしまう．このアンドロゲン受容体の欠損症は，睾丸性女性化症といわれ，精巣も腹腔内に留まってしまう（図 6.3）．また，常染色体上の遺伝子により支配される，5α-還元酵素の発現に疾患のある場合も同様の異常が生じてしまう．

　テストステロンやミュラー管抑制因子の分泌と，アンドロゲン受容体や 5α-還元酵素の発現に異常があると，外部生殖器や乳腺が女性型であるため，遺伝的に Y 染色体をもちながら，生まれてこのかた女性として育てられる男性がいるわけである．スポーツ選手のセックスチェック（女性証明検査）が行われる理由の 1 つでもある．

　すべての生殖輸管系の分化には，各々の器官に特有の種類と量のホルモンの刺激が必要であるが，とくに大切なことはホルモンの作用する時期である．それぞれの生殖輸管系が，その分化の方向を決めるためにホルモンの刺激を必要とする時期は，ほんの短い間で，ホルモンに対する感受性も高い．そのためとくにこの時期を臨界期と呼ぶ（図 6.4）．

　哺乳類において雄型の生殖輸管系を分化させるためには，精巣ができて機能し，テストステロンとミュラー管抑制因子を分泌することから始まり，さらに特定の組織が，これらホルモンに対する受容体や，5α-還元酵素を発現させなければならない．このようにいくつもの関門をくぐらなければ，いわゆる正常な雄としての機能を発揮する生殖輸管系は形成されない．XY 型の性染色体をもつ個体であっても，これらの関門の 1 つでも越せないと異常が生じてしまう．

■6章　性分化の完成

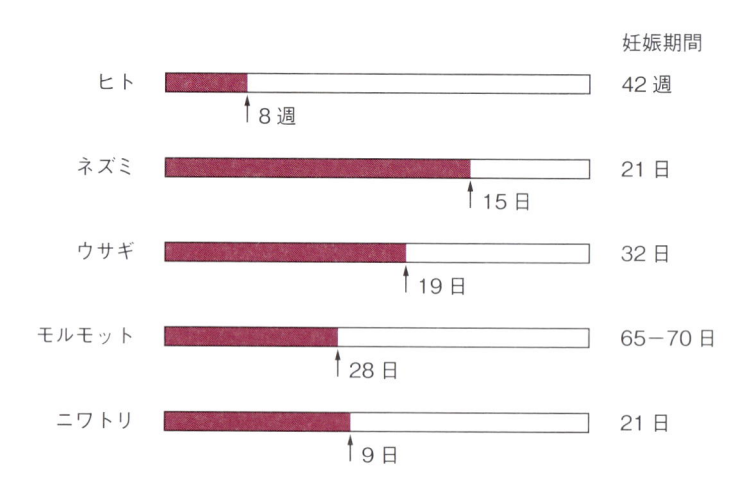

動物		妊娠期間
ヒト	↑8週	42週
ネズミ	↑15日	21日
ウサギ	↑19日	32日
モルモット	↑28日	65-70日
ニワトリ	↑9日	21日

図6.4　ミュラー管の分化の臨界期
哺乳類において，やがて輸卵管や子宮などに分化するミュラー管は，雌のみに必要な原基である．このため雄の動物においては，胎児期の精巣から分泌されるミュラー管抑制因子によって退化させられる．ミュラー管抑制因子が分泌され，それにミュラー管が反応する時期は動物によって異なり，しかも図中の矢印で示す日齢あるいは週齢前のほんの短期間のみである．この抑制因子に応答する短期間を，とくに臨界期と呼ぶ．

まとめると，哺乳類の胎児はウォルフ管とミュラー管の両方を備え，臨界期のホルモン環境によっては，雌雄どちらの生殖器官系へも分化できるので，本質的に性的両能性をもっているということになる．性ホルモンにより次々に起こる性分化の波は，徐々に分化の方向を決定づけながら，最終段階として脳の性分化と行動の性差にまで達して終了するわけである．

6.2　性分化の仕上げ

はじめに述べたように，性という語は，生殖活動と関連し育った用語と考えれば，生殖活動が行われ，次世代の誕生を迎えてこそ真の意味をもつはずである．性に関連する遺伝子の発現に始まった分化の最終的な完了は，それによって起こるさまざまな器官の形態形成，そしてそれら器官が機能した結果の総合として，性的な行動が起こることに他ならない．性的な行動は個々

の動物が，その命すなわち遺伝子の存続をかけて行うものであり，脳のある動物ならば脳のはたらきということになる．内部生殖器や外見からも判断できる外部生殖器ばかりでなく，一見男女で差がないように見える脳にも性差が存在する．

　脳の性分化を述べる前に，ラットやマウスにおける生殖活動と関連のある発情周期について説明しておく．雌のラットやマウスでは，4〜5日の周期で黄体形成ホルモン（LH）の一過性の多量分泌がみられ，これにより排卵が誘発される．このLHの多量分泌をとくにLHサージとよび，排卵が起こるために必要な生理現象である．このLHサージが起こる前にエストロゲンの分泌が上昇し，LHの分泌を促すのであるが，同時にこのエストロゲンの作用により膣の上皮細胞が角質化する．

　なお，排卵とは成熟し大きく発達した卵胞の壁が破れて，卵が卵巣の外に放出されることをいう．卵を放出した卵胞は，もし卵が受精に成功すれば，黄体に変化（分化）して，妊娠維持ホルモンと呼ばれるプロゲステロンを分泌するようになる．

　このような規則的に雌に起こるエストロゲンとLHの分泌パターンを動物では発情周期とよび，エストロゲン分泌が増加している期間は，その効果により雄と交尾を行うので発情しているといわれる．なお，ヒトの場合は月経周期（性周期）と呼ばれる．

　発情期の膣上皮はエストロゲンの刺激を受けてその基底細胞が細胞分裂を起こし，一方の細胞が基底膜を離れて上昇し，中間層細胞，上層細胞と形を変えながら膣腔に向って移動し，やがて角質化細胞となり脱落し除去される．このため水で濡らした綿棒などで膣上皮をこすり表層の細胞を採取すると，動物が発情周期のどの状態にあるかが判定でき，同時にそれは体内のホルモンの量と分泌状態を推測することを可能にする．これを膣脂膏法(vaginal smear method)という．発情周期は，それぞれ発情前期（核をもつ上皮細胞が採取される），発情期（核のない角質化細胞が採れる），発情後期（角質化細胞と多数の白血球が採れる），発情間期（少数の上皮細胞と白血球がみられる）と呼ばれる4つの時期に分けられている．

コラム10
雄にも残る悲しい乳腺

　哺乳類に特有の器官である乳腺の発達も，性ホルモンの影響のもとに起こる．マウス胎児の乳腺原基の分化は胎齢11日頃，表皮組織の一部が肥厚し間充織に落ち込みはじめることに始まる（右図）．

　落ち込んだ上皮組織は日を追って徐々に増殖していく．胎齢14日に落ち込んだ上皮組織の周辺部の間充織細胞に，アンドロゲン受容体が発現する．胎児が雄の場合は，間充織細胞は5α-ジヒドロテストステロンに応答して増殖し，陥入した上皮組織と表皮の連結部をくびり切ってしまう．このため落ち込んだ上皮組織は，表皮からの細胞の補充もなく，痕跡的にその場に残るだけになる．

　一方，胎児が雌ならアンドロゲンの分泌がないので，間充織細胞にアンドロゲン受容体が発現しても何も起こらず，落ち込んだ上皮細胞にどんどん表皮から細胞が補充され，さらにエストロゲンの作用により増殖して，ますます大きく発達していくことになる．そこで睾丸性女性化症の場合は，XY染色体をもっているにもかかわらず，ある程度女性（雌）的な乳腺が発達することになる（右図）．

　しかし，脳あるいは卵巣に欠陥があり，生殖腺刺激ホルモンやエストロゲンの分泌が周期的でないときは，膣脂膏を調べると，連続的に発情状態であったり，連続的な間期状態であったりする．とくに連続発情を示す個体は，卵巣が卵胞のみで黄体を欠く場合が多い．

　1936年，ファイファーは生まれたばかりのラットを用いて，以下のような実験を行った．雄新生児を去勢しておき，成熟した2～3か月後，同腹雌の卵巣を移植して，一定期間後に組織を調べてみると，卵胞と黄体の揃った正常な卵巣を備えていた．ところが雄新生児を無処理のまま飼育し，成熟してから精巣を除去して，やはり同腹の雌の卵巣を移植したところ，卵胞のみ

6.2 性分化の仕上げ

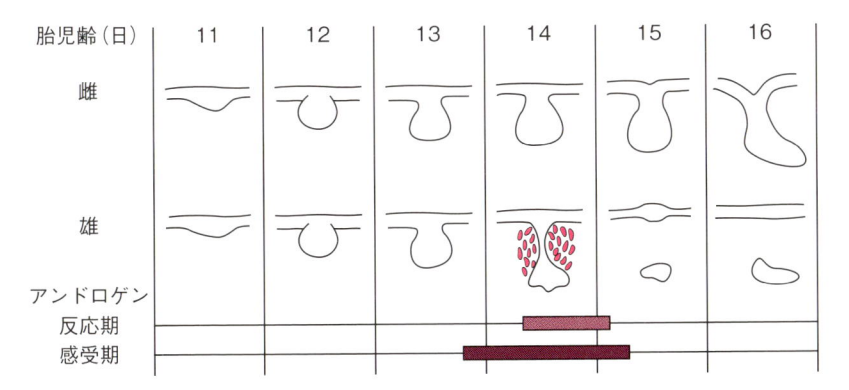

胎児齢（日）	11	12	13	14	15	16
雌						
雄						
アンドロゲン反応期						
感受期						

乳腺の分化

マウスにおける乳腺の分化は胎齢 11 日頃に，乳首ができる位置の上皮細胞が増殖して，結合組織内へ落ち込むことで始まる．雄マウスの場合は，落ち込んだ組織が電球のようになる 14 日目に，その周囲の結合組織の間質細胞にアンドロゲン受容体が発現し，ちょうどそのとき（臨界期）胎児精巣から分泌されたアンドロゲンが結合する．アンドロゲンの刺激で間質細胞は増殖して密に集まり，結合組織に落ち込んだ乳腺原基の細胞群と上皮との連結部をくびりきってしまう．このため雄では上皮からの細胞の供給がなくなり，乳腺原基は退化する．一方，雌のマウスの場合は，アンドロゲン受容体は雄と同様に発現するが，アンドロゲン自体がないため，間質細胞の増殖は起こらず，上皮からの細胞供給が継続し，やがてエストロゲンの刺激により大きく発達してくる．

で黄体を欠いた卵巣に変化していた．

そこで次に雌新生児の卵巣はそのままにしておき，同腹の雄新生児の精巣を移植し，この雌ラットが成熟してから移植精巣を除去し，さらにしばらくして卵巣の組織を調べてみると，卵胞のみで黄体を欠く連続発情型の卵巣となることがわかった．このような卵胞のみの卵巣は，成熟した雄個体の精巣を除去して，雌の卵巣を移植した場合にみられる組織学的変化と同様のものである．

結論を先に述べれば，新生児期に精巣があると，発情周期のない雄型の生殖腺刺激ホルモン分泌パターンになり，卵巣での排卵が起こらないため黄体が形成されないのである．また，新生児期に精巣がなければ，脳は自発的に雌型となり，後に卵巣を移植すると，雌と同様の性周期を発現できる機能を

■6章　性分化の完成

もっているわけである．

　このようにファイファーが，雌雄の幼若ラット間での生殖腺移植実験により，発情周期のホルモン分泌パターンの雌雄差を明らかにしたことに刺激されて，1940年にカナダのセリエは，雌ラットに出生直後から1mgのテストステロンプロピオネートを30日間，毎日注射する実験を行った．投与終了後さらに30日間飼育したのち供試したところ，卵巣は小さな卵胞と退化的な間質よりなる未熟な組織像を示すことを見いだした．なお，このような処理を受けたラットは膣が開口しておらず，発情周期を調べることはできなかったが，卵巣は黄体を欠き，無排卵状態にあったことを示していた．セリエの実験がステロイドホルモンを幼若個体に投与し，卵巣の組織学的変化すなわち発情周期の変化をみた最初の報告である．

　これ以後，多くの実験が行われ，出生直後の雌ラットやマウスに対するアンドロゲン処理は，その個体は成熟してからも排卵しない連続発情型の雌になることが確かめられた．また，後で述べるように発情周期を支配する性中枢は，視床下部に存在することが明らかになった．出生直後のホルモン処理により連続発情を示す雌ラットでは，脳の性中枢が雄型に変化していたことになる．

　ところが，不思議なことに新生児期にアンドロゲンではなくエストロゲンを投与しても，同様なことが起こることが明らかになった．また，ラットやマウスで性ステロイドホルモンの投与により，脳のホルモン分泌パターンを変化させるためには，多くの場合，生まれてから10日以内にホルモンを投与しなければならないことも明らかになった．さらに胎児期後半に，胎児に直接あるいは母親経由（経胎盤という）でホルモンを投与しても，有効なことが木村（東京大学）により明らかにされた．

　出生（出産）日を中央において，胎児期の後半と新生児期をまとめて周生期という．性ステロイドホルモンにさらされることにより，成体になってからの生殖腺刺激ホルモンの分泌様式に変化が生じる．周生期内の一定の期間が脳の臨界期である．

　同時期に電流による脳の局部破壊や局部刺激，あるいはハンガリーのハ

ラースによって考案された特殊なハラースナイフによる局所切断，微量のホルモンを脳内に埋め込む方法など新技術が開発され，成熟したラットやマウスにおいても，物理的方法によって周生期のステロイドホルモン処理と同様の現象，連続発情が起こることがわかった．

アメリカや日本を中心に多くの実験が行われた結果，1960年代の初めアメリカのエベレット，バラクロー，ゴルスキーらにより脳の二重支配説が提唱された．すなわち，雌においては視床下部の視束前野に，生殖腺刺激ホルモンを周期的に分泌させる中枢があり，弓状核には生殖腺刺激ホルモンを持続的に分泌させる中枢があるという考えである．この2つの中枢が協力して，雌においては周期的なホルモン分泌と排卵を起こさせているが，雄ではこの中枢のはたらきが異なっているため周期性を示さない．

ヒトではこの中枢が1つで弓状核のみとの説もあるが，ともかく雄と雌（男性と女性）では，脳に質的な性差があるわけである．この性差をつくるのが，胎児期精巣から分泌されるアンドロゲンなのである．なお，卵巣はもちろん主としてエストロゲンを分泌するわけだが，エストロゲン分泌の開始は精巣のアンドロゲン分泌より少し後である．

新生児期のホルモン処理による脳の性転換実験は，日本でも多くの研究者により行われ，とくに前述の臨界期の解明などに大きく貢献した．この中でパイオニア的な研究を行った竹脇（東京大学）とその研究グループは，なぜかエストロゲン処理による雌ラットの脳の雄性化実験を主に行った．このため外国の研究者から，正常状態ではアンドロゲンが雄性化を起こすわけだから，大量のエストロゲン投与による実験は，あまり意味がないといわれることもあったようである．

しかし，1967年にナフトーリンらが，視床下部の組織にはアンドロゲンを芳香化して，エストロゲンに換える酵素であるアロマターゼがあることを発見して，風向きが一変してしまった．アンドロゲンのうちの1つであり，テストステロンが還元されて生じる5α-ジヒドロテストステロンは，テストステロンよりも強力な作用をもつアンドロゲンであるが，テストステロンにもエストロゲンにも戻ることができない．しかも，5α-ジヒドロテストステ

■6章　性分化の完成

図中ラベル：
- 血液中
- 脳の神経細胞
- α-フィトプロテイン
- エストロゲン
- エストロゲン受容体
- 核
- 芳香化酵素
- アンドロゲン

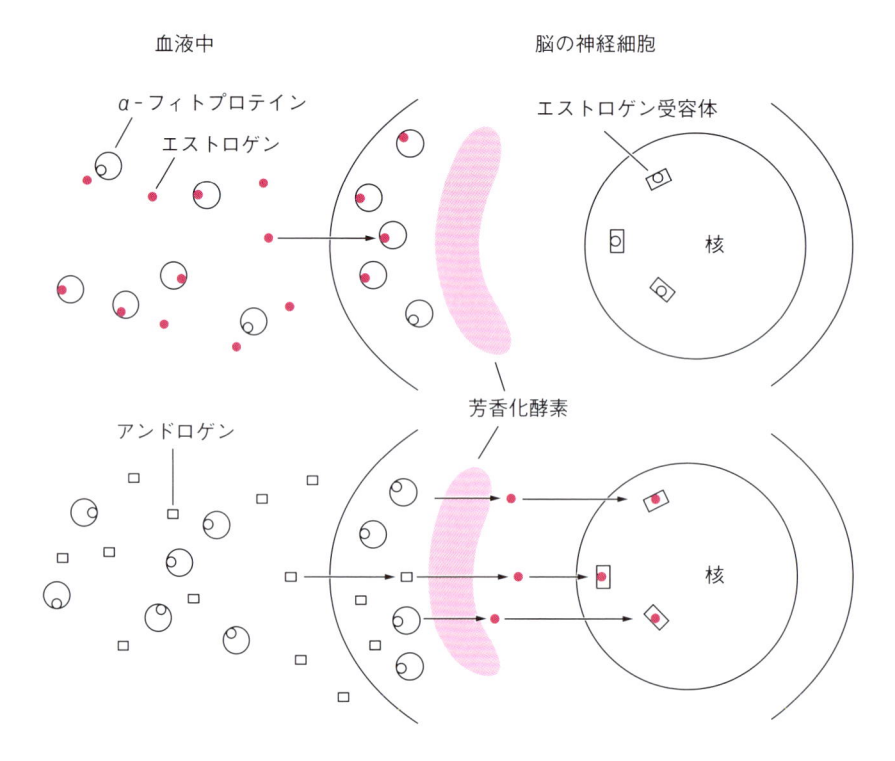

図 6.5　α-フィトプロテインのはたらき
　胎児期に分泌されるエストロゲンやアンドロゲンは，脳の神経細胞の分裂やアポトーシスに影響を与える．雄の胎児精巣から分泌されるアンドロゲンは神経細胞内に入って，芳香化酵素によってエストロゲンに変換されてから核内の受容体に結合し作用する．このエストロゲンの作用により，雄の脳の神経細胞は影響を受けて分化し，細胞群全体として雄型に決まっていく．雌の場合も，雄と同じ時期にエストロゲンにさらされると，脳が雄化してしまう．しかし，胎児の血中には，エストロゲンを捕獲し，その作用を阻害する物質であるα-フィトプロテインが多量にあり，血中に出てくるエストロゲンを捕まえる．このためエストロゲンは核内にある受容体まで到達できない．

ロンは前にも述べたように，一部の生殖輸管系の性分化の鍵を握る主要なホルモンである．
　この 5α-ジヒドロテストステロンを新生児雌に投与しても，脳の雄性化が起こらないという事実から，脳におけるアロマターゼの役割が注目されはじ

めた．結局，視床下部においては，テストステロンが神経細胞内に取り込まれてから，アロマターゼによりエストロゲンに転換して作用するらしいことが明らかになった．

すると脳の雄性化はエストロゲンによるわけで，いくらかは分泌される時期が遅いとはいえ，臨界期にあるうちに胎児の卵巣からエストロゲンが分泌されるし，母体からのエストロゲンも胎盤経由で胎児内に入るわけであるから，上記の説は雌の胎児にとって困った問題を抱えることになる．

ところが，やはりうまくしたもので，動物はちゃんとこの問題を解決している．ラットの胎児や新生児の血液を調べてみると，エストロゲンと特異的に結合する α-フィトプロテインというタンパク質が多量に含まれている．この物質が母親から胎盤経由で入ってくるエストロゲンや，自らの卵巣から分泌されるエストロゲンと結合して，神経細胞内へのホルモンの侵入を防いでいる．このため血中に少量のエストロゲンが現れても，脳などの神経細胞は，その影響から守られているわけである．

一方，雄においてはテストステロンが分泌されるが，これは α-フィトプロテインとは結合しないため，細胞内に入りアロマターゼによってエストロゲンとなり作用することになる．もちろん体外から多量のエストロゲンを投与すると，α-フィトプロテインの捕獲能力を超えてしまい，あふれたエストロゲンが細胞内に入り作用することになる（図 6.5）．

ヒトの脳の性分化の臨界期については，実験ができないため詳細は不明であるが，胎児の血中アンドロゲン濃度を調べてみると予想はできる．男性胎児の血中アンドロゲン濃度変化の解析から，妊娠 16 週あたりをピークとして，妊娠 12 週から 22 週くらいにかけて，精巣から多量のアンドロゲンが分泌されることが明らかにされた．これがいわゆるアンドロゲンシャワーと呼ばれる，雄に特有の現象である（図 6.6）．

このような多くの研究により，雄と雌では視床下部に質的な差があり，生殖腺刺激ホルモンの分泌パターンが違うことが明らかになった．さらに 1971 年にライスマンとフィールドは，ネズミの性周期を支配する中枢の一部である視束前野で，神経細胞どうしの連結部位であるシナプスの数に雌雄

■ 6章　性分化の完成

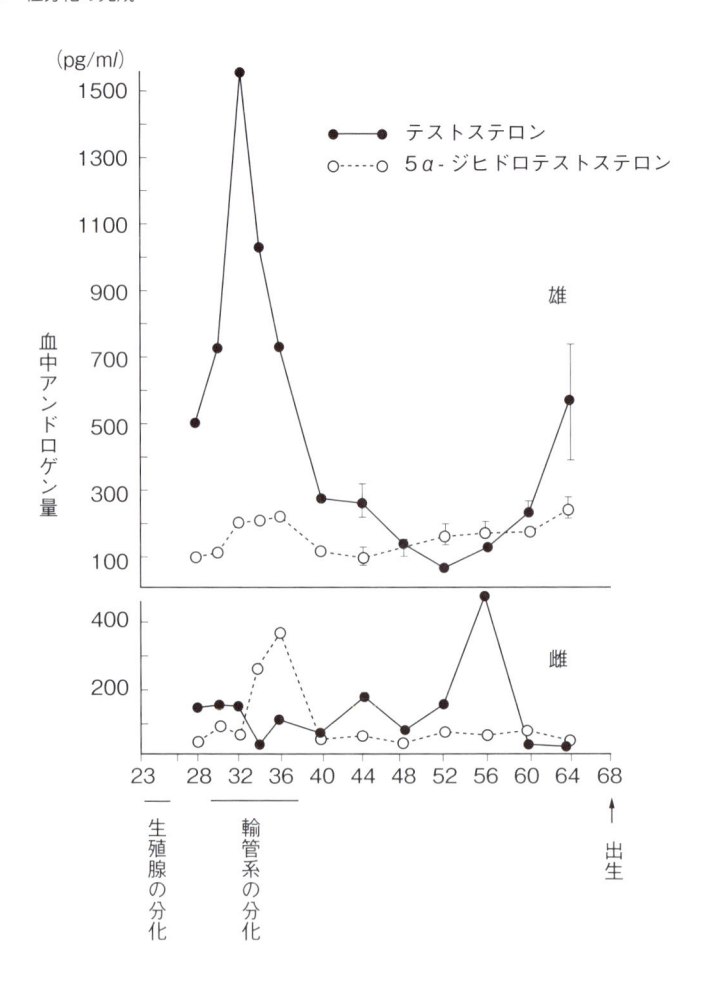

図 6.6　アンドロゲンシャワー
　哺乳類の雄においては，性決定遺伝子群のはたらきにより分化してきた生殖腺が，胎児期から幼児期にかけて一過的に多量のアンドロゲンを分泌する時期がある．この時期に分泌されたアンドロゲンは，分化しつつある生殖輸管系を雄型に方向づけるのに重要なはたらきをもつ．このアンドロゲンの分泌をとくにアンドロゲンシャワーと呼ぶ．図はモルモット胎児の血中アンドロゲン値で，雄胎児ではアンドロゲンシャワーが，生殖輸管系の分化の時期に一致しているが，雌では特異的な分泌がみられない．このため雌においては，生殖輸管系の分化が自律的に雌型へ向かうと考えられている．

差があることを見いだした．この違いは周生期のアンドロゲンの有無に依存している．つまり形態学的にも，神経回路網に性差があることが示されたのである．その後，アメリカのゴルスキーや新井（順天堂大学）らの研究グループにより，脳のさまざまな部位で神経核の体積，あるいはシナプスの数に雌雄差があることが続々と発見された．

1976年にはアーノルドとノッテンバームにより，雄がさえずり，雌はさえずらない小鳥のキンカチョウを用いて，さえずりの中枢にある神経核の大きさ（神経核群が占める面積の大きさ）に顕著な雌雄差があること，さらに雌ヒナにアンドロゲンを投与すると，雄性化することなども報告された．このように脳の雌雄差は，形態学的に神経細胞間の配線のみならず，神経細胞の数にもみられ，ホルモンによって変化することが示唆されたわけである．

ヒトの脳でも1982年アメリカのホロウエーらが，脳梁後部の膨大部の形態や大きさに性差があることを報告した．その後，前視床下部，前交連などいろいろな部位に性差があることが発見された．

1991年，同性愛者であるアメリカの研究者レバイは最愛の相手をエイズで失い，同性愛も異性愛と同様，人間の本性であるとの信念から，死亡した同性愛者などの前視床下部を調べた．その結果，ある特定部位の神経核の体積に変化があり，同性愛者の男性のそれは，そうではない男性の約半分で，多くの女性のそれと同じ大きさであることを見いだした．この事実から彼は，同性愛を引き起こす要因は，脳の分化の程度が異なることが原因で，生物学的な裏づけがあるもので，個人の特性の1つであるとした．

一方，1971年アメリカのワードは，妊娠ネズミにストレスを与えると，生まれてきた雄ネズミの性行動が雌性化することを発見し報告している．彼は，これは胎児の精巣からのアンドロゲンの分泌量が，ストレスなどが原因となって減少し，脳の性分化が正常に起こらなかったためであると考えた．この実験を参考に，ドイツのダーナーは，1932年から1953年に生まれた865人の同性愛の男性を面接調査したところ，1941年から1947年に生まれた男性が，同性愛者になる割合の高いことが明らかになった．このころは第二次世界大戦中または直後で，この時期に妊娠していた女性は，戦火や夫と

■6章 性分化の完成

コラム 11
心の性と肉体の性

　性決定と性分化の研究は，染色体上の遺伝子の性，生殖腺の性，生殖輸管系の性，外部生殖器の性に代表される表現型の性を軸に進められてきた．

　しかし，近年，これら身体の性（sex）と共に，心の性（gender）が重要であるとの認識が生まれた．生物学的には完全に正常であり，しかも自分の肉体がどちらの性に属しているかをはっきりと認識していながら，その反面で人格的には自分が別の性に属していると確信している状態があることが認知され，性同一性障害（Gender Identity Disorder：GID）と定義された．さらに，GID には，半陰陽，間性，性染色体の変異が同時に存在することもある．

　近年の分子遺伝学的研究の目覚しい発展により，生殖腺と性分化の機構の解明が進み，胎児期および思春期における内分泌環境，とくに性ステロイドホルモンの分泌パターンが，中枢神経系に構造的および機能的影響を与えることは明らかになった．しかし，GID において，遺伝的要因の存在や胎児期のホルモン環境の関係などについて決定的な知見はない．

　ヒトのように高度に精神活動の発達した動物では，生物学的な性が根本にあるにもかかわらず，複雑な性自認の問題が生じる．しかし，この問題は生物学的な動物の性という本書の主題とは異なるテーマであろう．

の死別，別居というような厳しいストレス下にあったためであると主張している．もし，ストレスにより脳が変化するのが事実なら，爬虫類における温度依存性決定と根本的な差異があるのだろうか．

　生殖腺で起こった性の分化，精巣になったか卵巣になったかという決定の波は，生殖輸管系から脳の性分化にまで及び，ここで初めて正常ないわゆる

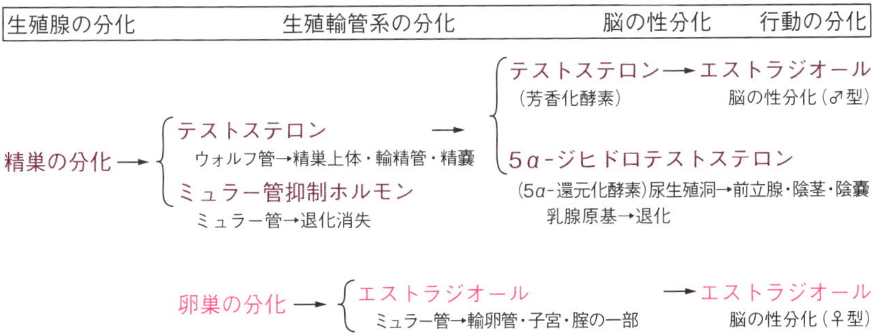

6.3 性分化の混乱

| 生殖腺の分化 | 生殖輸管系の分化 | 脳の性分化 | 行動の分化 |

精巣の分化 →
- テストステロン
  ウォルフ管→精巣上体・輸精管・精嚢
- ミュラー管抑制ホルモン
  ミュラー管→退化消失

→ テストステロン → エストラジオール
　（芳香化酵素）　　　脳の性分化（♂型）

5α-ジヒドロテストステロン
　（5α-還元化酵素）尿生殖洞→前立腺・陰茎・陰嚢
　乳腺原基→退化

卵巣の分化 → エストラジオール
　ミュラー管→輸卵管・子宮・腟の一部

→ エストラジオール
　脳の性分化（♀型）

図6.7　性分化とホルモンの関係
哺乳類の性決定と性分化の過程では，始めに性決定遺伝子群のはたらきにより生殖腺の性が決定される．次いで分化した精巣あるいは卵巣から分泌される性ホルモンとミュラー管抑制ホルモン，および組織内で生成された5α-ジヒドロテストステロンのはたらきによって，性分化が進行する．精巣の分化が卵巣の分化より早く進行するので，精巣から分泌されるテストステロンが性差の成立の鍵をにぎる．テストステロン，エストラジオール，ミュラー管抑制ホルモンが適当な量，適当な時期（臨界期）に分泌され，同時にそれらの受容体も発現しなければ，正常な性分化は達成されない．

男性と女性が誕生するわけである．ヒトを含めて哺乳類の性決定機構は意外と脆弱なものなのかもしれないし，考え方を変えてみれば，融通性あるいは可塑性のあるものなのかもしれない．ラットやマウスの実験から明らかなように，周生期のアンドロゲンシャワーの異常により，遺伝的には雌でありながら性周期をもたなくなり，雌の性行動も示さず，雄の性行動を示すという変化がいとも簡単に起こるのである（図6.7）．

6.3　性分化の混乱

1921年アメリカのエバンスとロングは，研究室で飼育していた800匹のラットの発情周期を丹念に調べ，その中の7匹が規則的な周期性を示さず，2日から21日にわたる連続的な発情を示すことに気づいた．これが前にも述べた連続発情の自然発生に関する最初の報告となった．その後多くの研究者により，連続発情を示す個体の多くは，大小の卵胞と肥厚した間質からなり黄体のない卵巣をもつことなどが明らかになった．

発情周期を支配する性中枢は，視床下部に存在することも前に述べた．雌

■6章 性分化の完成

において性中枢の機能に変化が生じると，生殖腺刺激ホルモンの分泌パターンが変わり，黄体形成ホルモンの周期的な多量分泌パターンの喪失，さらに卵胞刺激ホルモンと共に低量の黄体形成ホルモンの持続的分泌が起こるようになる．その結果として，卵巣からの持続的エストロゲン分泌と，そのエストロゲンによる膣上皮の常時角質化に起こり，連続発情状態になる．

自然発生する連続発情と，周生期のステロイドホルモン投与により誘発される連続発情は，もっぱら脳の性分化，発情周期の解析など内分泌学上の研究材料として利用され，卵巣・子宮・膣などの組織学的変化は，その副産物としてとくに注意が払われなかった．

ところが1959年，アメリカのガードナーは，出生直後の雌マウスに0.5mgのテストステロンプロピオネートを2, 9, 16日齢に3回のみ投与しただけで，膣上皮が連続的な角質化を示し，この角質化は卵巣を除去しても持続することを報告した．しかし彼は，この異常な現象をその後深く追求することはなかった．

一方，1961年に高杉（東京大学）は，カリフォルニア大学のバーンと共に，出生直後の雌マウスに5日間のみ，アンドロゲンあるいはエストロゲンを投与する実験を行った．彼らは，マウスが成体になってから卵巣のみならず，副腎や脳下垂体をも除去し，体内のステロイドホルモン産生源となる器官を除去し，しばらく経過してから膣上皮の組織学的変化を詳しく調べた．すると膣上皮の角質化が，ステロイドホルモンフリーの状態でも持続していることを再発見した．さらに，このような出生直後のホルモン処理を施したマウスを1年近く飼育すると，膣上皮に前ガン状態の増殖が起こることを見いだした．

この事実は，他の多くの研究者により追試され，ホルモンの標的器官（子宮，膣，乳腺，前立腺など）が未分化のときに，正常な分化発達に必要な量以上の量のホルモンにさらされると，未分化細胞に脱分化が起こり，ガン化の方向へ向かうことが明らかになった．なお，ホルモン投与と同時にビタミンAを投与すると，これらのガン化が起こらないことが守（東京大学）によって報告されている．ビタミンAは組織の分化に関与する因子の1つである．

1970年代になってアメリカのハーブストらは，若齢の女性の膣に，腺ガン様の病変が多発していることに気づいた．彼らは広範囲にわたる統計的調査を行い，その原因は母親が妊娠の初期の状態にあるとき，流産防止のために合成エストロゲンを投与されたことにあると報告した．これはまさに高杉らがマウスで行った実験と同じことを，知らずにヒトで行ったようなものである．天然のエストロゲンと異なり，合成されたエストロゲン様作用をもつ物質は，代謝によって不活性化され難く，また体内からなかなか排出されないので，長く体内に留まり作用することが問題視された．

ハーブストのセンセーショナルな報告が引き金となり，ホルモン作用のある薬物の投与，あるいはホルモン作用のある植物性食品など，多くの物質が未分化な生殖関連器官系に作用すると，数々の異常が起こることが判明した．

これらの事実から胎児期および幼児期における必要以上のホルモン曝露が，正常な性分化にとって非常に危険であることがわかった．周生期の不適切なホルモン曝露は，脳を含めた性分化の異常の原因となり，生殖活動に影響を及ぼすが，末梢のホルモン標的器官のガン化という異常も起こすことが明らかになった．

最近になって，さらに石油から合成された化学物質の多くが，エストロゲン様の作用をもつことが明らかになった．実験的にマウスなどの胎児や魚類をこれらの化学物質に曝すと，正常な性分化が撹乱される．このような内分泌撹乱物質は，井口（基礎生物学研究所）によって環境ホルモンと名づけられ，その危険性が問題となった．

どちらにしても，性の決定から性分化という一連の過程でのホルモンの役割は大きく，外部環境から流れ込む種々のホルモン作用を有する物質に対して，成人はもちろん，とくに周生期にある子のため，今後とも注意を怠ってはならない．

まとめ

　動物の「性」とは，基本的に精巣をもつ雄と，卵巣をもつ雌の個体の識別に使われた用語であろう．性の決定によって起こる性分化には，可塑性があり，また脆弱なものなのであることを考えれば，遺伝子による性の決定は一個体の動物にとっては，それほど重大な意味をもたないのかもしれない．

　生物としての出発点で，進むべき道として選択される「性」ではあるが，多くの動物でみられるように途中での進路変更も許されることから，本質的な差を意味するものではない．

　しかし，生物学的には性別がなければ，有性生殖により多様性を獲得し，めまぐるしく変化する外界の変化に耐えて，これほど多くの種が現存しているという事実はなかったかもしれない．有性生殖による遺伝子の混合は，新しい生物を生みだす効果的な方策として，軽視することのできないものであることは認識する必要がある．また，著者の偏見かもしれないが，この世に「性」がなければ，多様性のないクローン生物の世界となり，少なくとも文学や芸術のない四角四面の世界となっていたであろう．

謝　辞

　本書では個々の原著論文の引用をさけ，書籍や総説のみを引用した．そのため，この分野の研究で多大な功績のあった数多くの著名な研究者とその業績を省く結果となった．この点に関しては，著者の力不足としてお許し願うほかない．また，内容および引用に誤りがあるとすれば，それらはすべて著者の勉強不足によるもので，ここでお詫びしておきたい．本書をまとめるにあたり，東京大学の赤坂甲治教授と，裳華房の野田昌宏・筒井清美の両氏に数々の有益なご助言をいただいたことに，心から感謝したい．

参考文献

井口泰泉（監修）（1998）『環境ホルモンの恐怖』PHP 研究所.

巖佐　庸（監訳）（1991）『「性」の不思議がわかる本』HBJ 出版.

奥野敦朗（2004）ダンゴムシの性ホルモン－造雄腺ホルモンの構造と機能解析－．Journal of Reproduction and Development Vol.50, 日本繁殖生物学会.

桑村哲生（2004）『性転換する魚たち－サンゴ礁の海から－』岩波書店.

越田　豊・北野日出男・岩沢久彰，長井幸史（1985）『♂と♀のはなし』ライフサイエンス教養叢書，培風館.

新家利一（1997）性染色体の遺伝子，特集，性分化異常の臨床．産科と婦人科，Vol. 64，診断と治療社.

舘　鄰（1990）『生殖生物学入門』東京大学出版会.

高杉　暹・井口泰泉（1998）『環境ホルモン』丸善ライブラリー，丸善.

中村正久（2004）爬虫類と両生類の性決定．蛋白質 核酸 酵素，Vol.49，共立出版.

長濱嘉孝・小林　享・松田　勝（2004）魚類の性決定と生殖腺の性分化．蛋白質 核酸 酵素，Vol.49，共立出版.

藤枝憲二（1997）性分化のメカニズム，特集，性分化異常の臨床．産科と婦人科，Vol.64，診断と治療社.

守　隆夫（1994）性分化とホルモン．Hormone Frontier in Gynecology Vol.1，メディカルレビュー社.

諸橋憲一郎・福井由宇子（2004）哺乳類における生殖腺の性分化．蛋白質 核酸 酵素，Vol.49，共立出版.

山内兄人・新井康允（編著）（2001）『性を司る脳とホルモン』コロナ社.

山内兄人・新井康允（編著）（2006）『脳の性分化』裳華房.

日本比較内分学会編（1978）『ホルモンと生殖Ⅰ　性と生殖リズム』学会出版センター.

日本比較内分泌学会編（1984）『性分化とホルモン』学会出版センター.

索　引

欧　字

α-フィトプロテイン　105
β型形質転換成長因子　89
5α-還元酵素　94
5α-ジヒドロテストステロン　94
Ad4BP/SF-1　49
daughterless　58
Dax-1　49
Desert Hedgehog　52
Dhh　52
DM-W遺伝子　56
DMRT1　50
DMY　53
DNA　1
double sex　58
DSS　49
HMG　46
LH　99
MID　60
MIS　48, 51
P450芳香化酵素　48
PAR　40, 45
RNA　1
sisterless　58
SOX9　50
SRY　45
transformer　58
WT-1　51
XX／XO型　37
XX／XY型　37
XY型　36
X染色体　37
Y染色体　37
ZFY　45
zinc-finger Y　45
ZW／ZZ型　38
ZW型　36

あ

アポトーシス　66
アロマターゼ　48
アンドロゲンシャワー　105

い・う

異形配偶子接合　5
一次性索　62
陰茎　93
陰嚢　93
ウォルフ管　87

え・お

栄養体生殖　3
エストラジオール　48
黄体形成ホルモン　99

か

核型　36
核酸　1
間細胞　62

き

偽常染色体領域　45
寄生　73
寄生去勢　74
寄生率　64
弓状核　103

く

組換え　12
クラインフェルター症　41
クラインフェルター症候群　44
クローン　15, 27, 34, 35

け

血縁淘汰　77
月経周期　99
ゲノム　10
原核細胞　1
減数分裂　2, 5

こ

睾丸性女性化症　97
攻撃行動順位説　72

し

自家受精　27
子宮　93
始原生殖細胞群　61
雌性生殖　34
雌性先熟　21, 72, 83
視束前野　103
社会的順位　70
射精管　93
周生期　102
雌雄同体　20
受精　5
出芽　3
常染色体　36
真核細胞　2

索引

せ
精丘 93
性形質 78
精原細胞 28, 38
性周期 99
生殖細胞 3
生殖腺原基 13
生殖輸管系 13, 87, 91
生殖隆起 61
性染色体 36, 37
性線毛 7
精巣決定因子 44
精巣上体 93
性的二型 17
性的両能性 19, 91
性転換 21
性同一性障害 108
精囊腺 93
精母細胞 37, 66
接合 5
接合子 5
セルトリ細胞 46
染色体 3
セントロメア 44
前立腺 93

そ
造雄腺 79
　　――ホルモン 80

た
ターナー症候群 44
第一次性決定 78
体細胞 3
体長有利性説 25
第二次性決定 78

多細胞生物 2
単為生殖 9, 29
単細胞生物 1

ち
膣 93
貯精囊 76

て
テストステロン 48
テロメア 44

と
同形配偶子接合 5
動原体 44
同時的雌雄同体 21
ドーセージ補償機構 42

な・に
内分泌撹乱物質 111
二次性索 63
尿生殖洞 87
尿道球腺 93

の・は
脳 87
ハーレム型 28
倍数体 5
排卵 99
発情周期 99
バランス説 57
半数性単為生殖 75
半数体 5
半倍数性 65

ふ
フェロモン 23, 24

プラスミド 7
プロモーター 48
分裂 3

ほ
胞子生殖 3
ホルモン 23

み
ミュラー管 87
　　――抑制因子 47

む・め
無性生殖 2, 15
メチルテストステロン 83

ゆ・よ
有性生殖 1, 2, 14
雄性先熟 21, 72
輸精管 93
輸卵管 93
幼生生殖 30

ら・り
ライデッヒ細胞 50, 52, 62
卵管 93
乱婚型 25
卵胞 46
卵母細胞 66
臨界期 97

れ・ろ
連続発情 100
濾胞 46

著者略歴
守　隆夫
（もり　たか　お）

1941年　東京都に生まれる
1966年　東京大学理学部動物学教室卒業
1968年　東京大学理学部生物学科修士課程修了
1970年　東京大学理学部生物学科博士課程中退
1970年　東京大学理学部助手
1985年　東京大学理学部講師
1989年　東京大学理学部助教授
1992年　東京大学理学系研究科教授
2003年より帝京平成大学教授・東京大学名誉教授　理学博士

主な著書
「脳の性分化」（裳華房，2006年，共著）
「生物学」（東京化学同人，2008年，共著）
「医学・薬学系のための基礎生物学」
　　　　（講談社サイエンティフィク，2009年，共著）

新・生命科学シリーズ　動物の性

2010年4月25日　第1版1刷発行

検印
省略

定価はカバーに表示してあります。

著作者　　守　　隆夫
発行者　　吉野和浩
発行所　　東京都千代田区四番町8番地
　　　　　電話　　03-3262-9166（代）
　　　　　郵便番号 102-0081

　　　　　株式会社　裳　華　房
印刷所　　株式会社　真　興　社
製本所　　牧製本印刷株式会社

社団法人
自然科学書協会会員

JCOPY　〈㈳出版者著作権管理機構 委託出版物〉
本書の無断複写は著作権法上での例外を除き禁じられています．複写される場合は，そのつど事前に，㈳出版者著作権管理機構（電話03-3513-6969，FAX 03-3513-6979，e-mail: info@jcopy.or.jp）の許諾を得てください．

ISBN 978-4-7853-5843-3

ⓒ 守　隆夫，2010　　Printed in Japan

☆ 新・生命科学シリーズ ☆
（刊行予定一覧）

動物の系統分類と進化 ★	植物の成長生理学
植物の系統と進化	神経生理学
ゲノムと進化	脳（分子，遺伝子，生理）
動物の生態	動物の発生と分化
植物の生態	光合成
動物の形態と組織	遺伝子の発現制御
動物の性 ★	動物行動の分子生物学
植物の性	古生物学と進化

★は既刊，タイトルは変更する場合があります

バイオディバーシティ・シリーズ

1 生物の種多様性	岩槻邦男・馬渡峻輔 編	定価 4725 円
2 植物の多様性と系統	加藤雅啓 編	定価 4935 円
3 藻類の多様性と系統	千原光雄 編	定価 5145 円
4 菌類・細菌・ウイルスの多様性と系統	杉山純多 編	定価 7140 円
5 無脊椎動物の多様性と系統	白山義久 編	定価 5355 円
6 節足動物の多様性と系統	石川良輔 編	定価 6615 円
7 脊椎動物の多様性と系統	松井正文 編	定価 5775 円

図解 分子細胞生物学	浅島 誠・駒崎伸二 共著	定価 5460 円
微生物学 －地球と健康を守る－	坂本順司 著	定価 2625 円
人類進化論 －霊長類学からの展開－	山極寿一 著	定価 1995 円
カロテノイド －その多様性と生理活性－	高市真一 編	定価 4200 円
初歩からの 集団遺伝学	安田徳一 著	定価 3360 円

裳華房ホームページ　http://www.shokabo.co.jp/　2010 年 4 月現在